OSTWALDS KLASSIKER
DER EXAKTEN WISSENSCHAFTEN
Band 268

Karl August Möbius
7.2.1825 - 26.4.1908

OSTWALDS KLASSIKER
DER EXAKTEN WISSENSCHAFTEN
Band 268

Zum Biozönose-Begriff

Die Auster und die Austernwirtschaft
1877

von

Karl August Möbius

Herausgegeben
und aktualisierte Einleitung von
Thomas Potthast

Einführung und Anmerkungen von
Günther Leps (†)

Verlag Harri Deutsch

Bibliografische Information Der Deutschen Bibliothek

Die Deutsche Bibliothek verzeichnet diese Publikation in der Deutschen Nationalbibliografie; detaillierte bibliografische Daten sind im Internet über <http://dnb.ddb.de> abrufbar.

ISBN 10: 3-8171-3406-1
ISBN 13: 978-3-8171-3406-9

Die Druckvorlage für den Faksimileteil wurde freundlicherweise von der Universitätsbibliothek Johann Christian Senckenberg, Frankfurt am Main zur Verfügung gestellt

2., erw. Auflage 2006
Druck: Rosch-Buch Druckerei GmbH, Scheßlitz
Printed in Germany

Inhalt

Geleitwort

In unserer Gegenwart sind Begriffe wie Ökologie, Lebensgemeinschaft und biologisches Gleichgewicht, die noch vor wenigen Jahrzehnten nur einige Fachwissenschaftler interessierten, populär geworden. Das allgemeine Interesse erwachte aufgrund von Umweltproblemen, die die industrielle Produktionsweise ausgelöst hatte. Aber mit der breiten Anwendung der Begriffe ist nicht ohne weiteres auch ein tieferes Verständnis für die theoretischen Zusammenhänge verbunden, die sich erst auf der Grundlage von Darwins Evolutionstheorie erschließen. Ohne ein solches verständnisvolles Eindringen in die naturgesetzlichen Wechselwirkungen eines Naturhaushaltes sind aber die Möglichkeiten eines für die menschliche Gesellschaft nützlichen Eingreifens in Naturzusammenhänge begrenzt. Diese Erfahrung, die K. A. Möbius und seine Zeitgenossen nur erst an Einzelbeispielen wie der Austernfischerei machten, ist heute ebenfalls Allgemeingut geworden, so daß das Streben nach biologischen und ökologischen Erkenntnissen zunehmend wächst.

Ist doch das Aufsuchen des historischen Ursprungs wichtiger Erkenntnisschritte, an der sich die Problematik noch in klassischer Einfachheit zeigt, oftmals hilfreich zum Verständnis des weitaus komplizierteren Wissenschaftszweiges, zu dem sich die Ökologie, mit Biozönologie und Biogeozonologie in der Gegenwart entwikkelt hat.

In diesem Zusammenhang rückt auch der Name von Karl August Möbius und sein Wirken für die Erforschung von „Lebensgemeinschaften" ins Blickfeld. Die Schrift, in der er 1877 erstmalig den Begriff der „Biocönose" oder „Lebensgemeinde" entwickelte und auf das praktische Beispiel der Austernzucht anwandte, gehört zweifellos zu den wegweisenden Arbeiten, die die Aufnahme in die Reihe von „Ostwalds Klassiker-Ausgaben" verdient.

Es war das besondere Anliegen von K. A. Möbius, seine Forschungsergebnisse möglichst schnell zu popularisieren, und so hatte auch seine „kleine Schrift über die Austernzucht" vor allem den Zweck, „für die verbreiteten irrigen Vorstellungen richtigere zu geben", wie er am 10. Nov. 1876 dem Direktor des Berliner Zoologischen Museums, Wilhelm Peters, schrieb. „Ich möchte über diesen Gegenstand wohl einen Vortrag in der Singakademie in Berlin halten, falls dort in diesem Winter populäre Vorträge wie früher gehalten werden", heißt es weiter. Damit knüpfte Möbius an die von Alexander von Humboldt begründete Tradition der Popularisierung naturwissenschaftlichen Wissens an. Er setzte dieses Wirken fort, als er 11 Jahre später die Direktion des Berliner Museums übernahm und in dem neuen Gebäude des „Museums für Naturkunde" durchsetzte, dass eine allgemeinverständlich und instruktiv gestaltete „Schausammlung" vor allem biologische Gesetzmäßigkeiten zeigte und dort erstmals eine „Austernbank" als biologische Gruppe dargestellt wurde.

Die Geschichte der Ökologie ist in der Wissenschaftsgeschichte noch ein relativ junger Zweig, der sich noch nicht auf zahlreiche Quellenarbeiten stützen kann. Der Kommentator der vorliegenden Abhandlung, Günther Leps, gehört zu den Pionieren auf diesem Spezialgebiet. Seit Mitte der 1960er Jahre widmete er sich im Rahmen der Behandlung philosophischer Probleme der Biologie speziell der Entwicklung ökologischen Denkens und in diesem Zusammenhang der biographischen Forschung über K. A. Möbius. Als erster begann er den Nachlaß von Möbius im Museum für Naturkunde der Humboldt-Universität Berlin zu erschließen und durch zahlreiche weitere Schriftquellen zu ergänzen, die nur zu einem kleinen Teil für die vorliegende Abhandlung genutzt werden konnte. Als Günther Leps (1934–2000) am 15.12.2000 seiner schweren Krankheit erlag, wurde sein Arbeitsmaterial zur Geschichte der Ökologie dem Museum für Naturkunde Berlin (Histor. Arbeitsstelle) übergeben. Für diese Neuauflage gab er nur noch einige Korrekturwünsche an, die für die Einführung berücksichtigt wurden. Eine generelle Neubearbeitung konnte er nicht mehr vornehmen, und wir geben seinen ursprünglichen Text als historisches Dokument fast unverändert wieder.

Dankenswerterweise hat Herr Thomas Potthast mit einem Beitrag für diese erweiterte und den Originaltext vollständig als Faksimile wiedergebende Neuauflage der Weiterentwicklung der ökologiegeschichtlichen Forschung Rechnung getragen.

Ilse Jahn,
Berlin 2005

Einleitung

Historische und ökologietheoretische Perspektiven auf Karl August Möbius' Schrift „Die Auster und die Austernwirthschaft" und den Biozönose-Begriff

von
Thomas Potthast

Obgleich zweifellos das „Ökosystem" zum vorherrschenden Konzept geworden ist, bildet der Begriff „Biozönose" auch über 125 Jahre nach seiner Einführung durch Karl August Möbius[1] noch heute einen konstitutiven Bestandteil der Ökologie in Forschung und Lehre.[2] Seine Entstehungs- und Rezeptionsgeschichte zeigt paradigmatisch die Verwobenheit zentraler Begriffe der Ökologie in kulturellen, sozialen und wirtschaftlichen Kontexten an, wobei die umweltökonomischen und naturschutzpolitischen Bezüge am stärksten sind.

In seiner Einführung zur ersten Ausgabe dieses Bands in der Reihe „Ostwalds Klassiker der exakten Wissenschaften" von 1986 ist Günter Leps bereits detailliert auf Möbius' Laufbahn, die Struktur des Begriffs „Biozönose", den Kontext der Fischereiwirtschaft und die Verbindung zur Rezeption der Darwinschen Evolutions-

1 Möbius, Karl August: *Die Auster und die Austernwirthschaft.* Berlin 1877.

2 Vgl. gleich zwei neue Lehrbücher mit unterschiedlichen Schwerpunktsetzungen: Kratochwil, Anselm und Angelika Schwabe-Kratochwil: *Ökologie der Lebensgemeinschaften: Biozönologie.* Stuttgart 2001; Martin, Konrad: *Ökologie der Biozönosen.* Berlin 2002.

theorie eingegangen. Insbesondere hat Leps die konzeptionellen Implikationen von Möbius' Grundlegung für die nachfolgende Entwicklung einer deutschsprachigen „Allgemeinen Ökologie" diskutiert.[3] Ergänzend dazu möchte ich im Rahmen dieser neuen Einleitung ausgehend von Möbius' Originaltext einige Ergebnisse der jüngeren wissenschaftshistorischen und ökologietheoretischen Forschung skizzieren. Dabei sollen Möbius und seine Konzeption in den Zusammenhang anderer Entwürfe und ihrer Rezeption in der internationalen Entwicklung der Ökologie gestellt werden.

National-ökonomische und universitäre Zoologie

Mit Möbius' Arbeiten zum Problem der Austernfischerei und der entsprechenden Publikationen wird ein Muster bestätigt, das im 19. Jahrhundert als charakteristisch für zahlreiche Felder der Wissenschaft in Deutschland konstatiert worden ist, und das zeitgenössisch bereits international als Erfolgsmodell galt.[4] Die enge

---

3 Leps, Günter, „Einführung: Karl August Möbius, ein Klassiker des ökologischen Denkens," in: *Zum Biozönose-Begriff.* Kapitel aus *„Die Auster und die Austernwirtschaft"* 1877, Hg. Ilse Jahn, *Ostwalds Klassiker der exakten Wissenschaften* Leipzig 1986, S. 8–36. Siehe den nachfolgenden Beitrag in dieser Ausgabe. Weitere Übersichten gaben Kölmel, Reinhard, „Zwischen Universalismus und Empirie. Die Begründung der modernen Ökologie- und Biozönose-Konzeption durch Karl Möbius," *Mitteilungen aus dem Zoologischen Museum der Universität Kiel* I, 7 (1980): 17–34. sowie Reise, Karsten, „Hundert Jahre Biozönose – Die Evolution eines ökologischen Begriffs," *Naturwissenschaftliche Rundschau* 33, 8 (1980): 328–35.

4 Siehe FN 5. Auch die – im Gegensatz zur deutschen Universität vor allem an der Ausbildung qualifizierter Praktiker orientierte – Gründung der „Land Grant Universities" in den USA führte beispielsweise in Wisconsin zur Begründung limologisch-ökologischer Forschungsrichtungen mit unmittelbarem Anwendungsbezug, vgl. Beckel, Annamarie L.: *Breaking new waters. A century of limnology at the University of Wisconsin, Transactions of the Wisconsin Academy of Sciences, Arts and Letters. Special Issue.* Madison 1987.

Verbindung zwischen Staat und Universität betrifft genauer die staatlichen Interessen am institutionellen Aufbau wissenschaftlich-technischer Expertise für verschiedenste Felder der Gesellschaft, insbesondere mittels entsprechender universitärer Forschung und der Einbindung von universitären Experten in staatliche Kommissionen. Neben Karl August Möbius (1825–1908) steht dafür unter anderem der Kieler Physiologe und Meereszoologe Viktor Hensen (1835–1924): Er prägte nicht nur den Begriff „Plankton", sondern initiierte als zeitweiliges Mitglied des Preußischen Landtags auch 1870 die Gründung der „(Preußischen) Kommission zur wissenschaftlichen Erforschung der deutschen Meere". Weitere sehr prominente Vertreter der oben geschilderten Verbindung sind der Physiologe und Physiker Hermann von Helmholtz (1821–1894) und der Pathologe, Anthropologe und Wissenschaftspolitiker Rudolf Virchow (1821–1902).[5]

Im Jahr nach Möbius' Berufung an die Kieler Universität erhielt dieser 1869 den Auftrag zur Untersuchung der deutschen Austern- und Miesmuschelfischerei von der Preußischen Regierung. Zugleich wurde er zum Kommissar der Regierung für die Revision der Schleswig-Holsteinischen Austernbänke ernannt. Im folgenden Jahr 1870 publizierte Möbius seinen ersten umfangreichen Bericht über die Austernfischerei und wurde Mitglied der neu gebildeten Kommission zur wissenschaftlichen Erforschung der deutschen Meere.[6] Die Publikation der „Auster" von 1877 ist hinsichtlich der national-ökonomischen Perspektive insbesondere eine Streitschrift für zwei Positionen: Zum einen sei die mit vielen Hoffungen verbundene Idee einer Kultivierung der Auster und die

5 Nyhart, Lynn K., "Civic and economic zoology in nineteenth-century Germany. The 'living communities' of Karl Möbius," *Isis* 89 (1998): 605–30. Hier v.a. S. 605f. und 612 f. mit weiteren Literaturverweisen, u.a. Olesko, Kathryn (Hg.), *Science in Germany. The intersections of institutional and intellectual issues. OSIRIS N.S.* Vol. 5. Chicago 1989; Schubring, Gert (Hg.), *„Einsamkeit und Freiheit" neu besichtigt. Universitätsreform und Disziplinenbildung in Preußen als Modell für Wissenschaftspolitik im Europa des 19. Jahrhunderts.* Stuttgart 1991.

6 Leps, Einführung ..., a. a. O., S. 13.

Erweiterung der bestehenden Austernbänke in deutschen Gewässern aus ökologischen Gründen weitgehend unmöglich sowie wegen des erforderlichen Aufwands letztlich ökonomisch gar nicht praktikabel. Zum anderen seien daher umso dringlicher strenge Maßnahmen zum Schutz der bestehenden Bänke vor Überfischung zu ergreifen.

Ausweislich des Vorworts wendet sich Möbius mit seiner Darstellung an „Biologen, Austernfreunde und Austernzüchter" zur „Aufklärung" sowie an „Regierungen" als „sichere Basis für Anordnungen".[7] Das Spektrum der Zielgruppen erforderte eine thematisch breite und allgemein verständliche Darstellung, so dass einführend zunächst das Wattenmeer (Kapitel 1) sowie Austernbänke und der Austernfang (Kap. 2) geschildert werden. In Kap. 3 führt Möbius in die Anatomie der Auster nach Art biologischer Lehrbücher ein und gibt ausführliche quantitative Informationen über die Fortpflanzungsbiologie der Auster (Individuenzahl im Wattenmeer, kalkulierte Nachkommenzahl, Entwicklungszyklus). Damit verbunden werden in Kap. 4 die hydrographischen und biologischen – heute würde man sagen: ökologischen – Gründe für ihre eingeschränkte Verbreitung im Wattenmeer dargelegt. Über die Ergebnisse erfolgreicher planmäßiger Austernkultivierung am Atlantik in Frankreich und weitgehend erfolgloser Versuche bei der Übertragung nach Großbritannien informieren die Kap. 5 und 6. Auf dieser Grundlage kann Möbius das französische Modell als ungeeignet auch für die deutsche Küste ausweisen, wobei er sowohl ökologisch (Zerstörungen der Anlagen oder direkte Schädigung der Tiere in Folge Verschlammung aufgrund größerer Gezeitenunterschiede im Wattenmeer oder Frost bei eingedeichten Flächen) als auch ökonomisch mit Blick auf einen sehr hohen Aufwand für mögliche Gegenmaßnahmen argumentiert. Seine biologischen Befunde untermauert er mit der Schilderung von Freilandbeobachtungen und eigenen Experimenten (Kap. 7). Die vielfältigen Versuche der Ausweitung bestehender Bänke oder der künst-

7 Möbius, Die Auster ..., a. a. O., S. V. Dieser große Adressatenkreis war durchaus ernst gemeint, vgl. unten.

lichen Ansiedlung auf bislang unbesetzten Meeresböden im deutschen Gebiet der Nord- und Ostsee diskutiert Möbius letztlich ablehnend mittels der Kombination ökologischer und ökonomischer Befunde (Kap. 8). Das Kap. 9 vertieft die biologischen Informationen und Argumente der Kap. 2 und 3 noch einmal, um den Unterschied zwischen Nachkommenzahl („Keimfruchtbarkeit") und der tatsächlich bis zum Erwachsenenstadium überlebenden Austern („Reifefruchtbarkeit") zu erläutern. Diese heute vertraute evolutionstheoretisch-populationsbiologische Idee, dass nur ein Bruchteil aller produzierten Lebewesen tatsächlich selbst zur Fortpflanzung kommt, wird von Möbius anhand allgemein-biologischer und konkret austernwirtschaftlicher Daten dargelegt. Ferner schlägt der Lehrer in Möbius' durch:

> „(Man) wünscht ... lebhaft, es mögen alle Schwärmlinge, welche die Austern ... ins Meer entlassen, essbare grosse Thiere werden, weil sie ausgewachsen zu den feinsten Delikatessen gehören." Allein:
> „Wer die Natur gerade da, wo er sich mit ihr beschäftigt, besonders anziehend, schön oder nützlich haben will, wird sich vom Wege der strengen Naturdeutung leicht in das dunkle und grenzenlose Gebiet der Naturdeutung verirren.
> Die Natur bewirkt in jedem Punkte genau das, was ihre daselbst zusammentreffenden Kräfte dem Entwicklungszustande der Welt gemäss bewirken müssen. In ihrem grossen ganzen giebt es keinen Nutzen und keinen Schaden." [8]

Nach dieser Ermahnung fährt Möbius fort, die Alters- und Größenverteilung der Austern quantitativ anhand historischer Daten zu erläutern.[9] Sein Argument zielt darauf ab, dass eine bestimmte

---

8 Möbius, Die Auster ..., a. a. O., S. 57f.

9 Er tut dies, nicht ohne die Keim- und Reifefruchtbarkeit der Austern zahlenmäßig auch mit der des Menschen zu vergleichen, womit er beschreibt, was später in der Populationsökologie „r-" bzw. „k-Strategie" heißen wird: Die Auster produziert eine enorme Menge von Nachkommen, von denen nur sehr wenige bis zur eigenen Fortpflanzung überleben; der Mensch hat, wie alle Säugetiere, nur sehr wenige Nachkommen, von denen aber aufgrund von intensiver Brutpflege und Gruppenstrukturen vergleichsweise viele zur Fortpflanzung kommen.

Altersstruktur der Austernbänke notwendig sei, um alljährlich marktreife Exemplare zu liefern. Überfischung zerstöre genau diese Altersstruktur und ziehe damit letztlich ökonomische Schäden nach sich, wenn keine Schonmaßnahmen (vor allem mittels Fangbeschränkung) bei der Nutzung ergriffen würden.

Die ökologische Theorie, die solche Hypothesen in einen allgemeineren Rahmen stellen und belegen soll, wird im berühmt gewordenen Kap. 10 geliefert, das die Einführung des Biozönosebegriffs beinhaltet.

> „Die Wissenschaft besitzt noch kein Wort für eine solche Gemeinschaft von lebenden Wesen, für eine den durchschnittlichen äusseren Lebensverhältnissen entsprechende Auswahl und Zahl von Arten und Individuen, welche sich gegenseitig bedingen und durch Fortpflanzung in einem abgemessenen Gebiete dauernd erhalten. Ich nenne eine solche Gemeinde *Biocoenosis* oder *Lebensgemeinde*.“[10]

Den theoretischen Erwägungen folgen sehr konkrete produktionsbiologische Diskussionen der optimalen Tierzucht unter Bedingungen von begrenztem Raum und begrenzter Nahrung sowie Beispiele der Ausrottung von Tieren durch übermäßige Jagd. Im Kap. 11 erläutert Möbius, ausgehend von der Ökonomie der „Austernesser und Austernpreise“, noch einmal im Detail, warum „an der Verarmung der westeuropäischen Austernbänke in den letzten Jahrzehnten die Natur keine Schuld hat“. Vielmehr gelte: „Nichts anderes als die schonungslose Befischung hat die Austernbänke entvölkert.“[11] Dies wiederum stehe im Zusammenhang mit dem steigenden Bedarf und steigenden Preisen aufgrund der besseren infrastrukturellen Bedingungen eines schnellen Transports zu immer mehr potenziellen und aktuellen Verbrauchern. Eine Verbindung von biochemischen Details und der Perspektive einer Verbraucher-Ökonomie liefert im Kap. 12 die Erörterung der chemischen Bestandteile und des Geschmacks und des damit verbundenen Marktpreises der Auster: „Sie gleichen den

10 Ebd., S. 76; vgl. dazu ausführlich Leps, Einführung ..., a. a. O., S. 18ff. sowie weiter unten im Text.

11 Ebd., S. 89.

edlen Perlen, welche ihre grösste Vollkommenheit auch in ihrer natürlichen Bildungsstätte empfangen."[12] Doch auch hier zieht Möbius die biozönotischen Lebensbedingungen (abiotische Faktoren wie lokale Temperaturverhältnisse und Salzgehalt sowie – gewissermaßen als Indikator – das Vorhandensein bestimmter anderer Tierarten) heran, um darüber zu räsonieren, warum Austern von bestimmten Bänken besser schmecken als von anderen. Das abschließende und zusammenfassende Kap. 13 beginnt mit einer ökonomischen Zieldefinition: „Das Ziel einer guten Austernwirthschaft besteht darin, in ihrem Gebiete einen möglichst hohen Ertrag auf Dauer zu gewinnen." Dieses Ziel könne – analog zur Vieh- oder der Forstwirtschaft – wie bei allen „lebenden Naturprodukten" nur dadurch erreicht werden, „dass ihr Erneuerungsvermögen nicht geschwächt werde".[13] Nach der zahlengestützten, detaillierten Rekapitulation unterschiedlicher Bewirtschaftungsformen in Europa schildert Möbius als neues Beispiel die nordamerikanische Austernwirtschaft. Diese dient wiederum als Beleg dafür, dass der Schlüssel in einer schonenden Bewirtschaftung der Bestände zu liegen hat: Bei zu intensiver Nutzung „wird auch dort nach den biozönotischen Gesetzen, welche in dem zehnten Kapitel dargestellt sind, eine Verarmung der Austernbänke eintreten müssen. Wie der Mensch die grössten Urwälder ausgerottet hat, so kann er auch die reichsten Austernbänke erschöpfen."[14] Möbius erneuert zum Schluss seine Skepsis gegenüber jeder zielführenden Möglichkeit künstlicher Austernzucht an der deutschen Nordsee und liefert stattdessen einen Maßnahmenkatalog für die „Erhaltung und Verbesserung der natürlichen Austernbänke". Sein – wie wir heute sagen würden – ressourcenökonomisches Fazit beruht auf einer ökologischen Prämisse.

> „Eine Austernbank liefert auf die Dauer den meisten Nutzen, wenn sie stets einen erhaltungsmässigen Stock vollwüchsiger Austern behält, der ihren biocönotischen Verhältnissen entspricht".[15]

---

12 Ebd., S. 99.
13 Ebd., S. 107f.
14 Ebd., S. 116.
15 Ebd., S. 124

Die Befischung der Austernbänke dürfe daher „nicht nach den Ansprüchen der Consumenten und nach der Höhe der Austernpreise bestimmt werden, sondern einzig und allein nach der Menge des Zuwachses." Unmittelbar darauf folgt Möbius' national-ökonomischer Schlusssatz: „Die Erhaltung der Austernbänke gehört ebenso zu den Aufgaben des Staates, wie die Erhaltung der Waldungen."[16]

Mit diesem Fazit erscheint die charakteristische Verbindung von Staatsräson und nationaler Bewirtschaftung von Naturgütern auf Basis naturwissenschaftlich-universitärer Expertise geradezu perfekt verwirklicht. Allerdings bleibt dieses Bild unvollständig, solange andere zentrale Elemente nicht herausgearbeitet werden.

Bürgerschaftliche Zoologie und die Biozönose im Naturkundemuseum

Für die Entstehung der Biozönose-Konzeption weniger betont als die national-ökonomische und die akademisch-universitäre Zoologie wurde ein anderer Aspekt, der mit Möbius' früheren Tätigkeiten als naturwissenschaftlicher Schullehrer und institutionell aktivem Mitglied naturkundlicher Vereinigungen zusammenhängt, und der in systematischer Weise erstmals detailliert von Lynn Nyhart analysiert wurde.[17] Nyharts Formulierung einer „civic zoology" kann man wohl am besten mit „bürgerschaftliche Zoologie" übersetzen. Teil des „Bürgertums" in der bürgerlichen Gesellschaft waren im Kern sowohl die universitäre als auch die national-ökonomische Zoologie, aber hinzu kamen in entscheidender Weise semiprofessionell Interessierte und Liebhaber an der Zoologie in all ihren Facetten.

Möbius selbst stammte aus einer armen, nichtbürgerlichen Stellmacherfamilie und konnte daher nicht die Mittel für ein Universitätsstudium aufbringen, so dass er zunächst ohne Abitur Elemen-

---

16 Ebd., S. 125.

17 Nyhardt, Civic ..., a. a. O.

tarlehrer an einer Grundschule wurde. Der Aufstieg ins akademische Milieu erfolgte über das Abitur 1849 in Berlin und ein Studium der Naturwissenschaften an der dortigen Universität. Sein universitärer Lehrer und Mentor Hinrich Lichtenstein (1780–1857), zugleich Direktor des Zoologischen Museums in Berlin, vermittelte ihn ab 1853 an das renommierte Hamburger *Johanneum*, wo Möbius an der Real- und später an der Gelehrtenschule Oberlehrer für naturwissenschaftliche Fächer wurde. Er war zugleich in naturkundlich-bürgerschaftlichen und fachzoologischen Kreisen sowie als Vortragender und Autor im populärwissenschaftlichen Bereich tätig. Möbius war maßgeblich an der Gründung des ersten deutschen Meerwasseraquariums 1863 und der Neueinrichtung des Hamburger naturgeschichtlichen Museums beteiligt.[18] Hamburg hatte zu dieser Zeit keine Universität, so dass akademische Aktivitäten allein in einem bürgerschaftlichen Kontext entsprechender Vereine und persönlicher Netzwerke stattfanden. Naturkundliche Sammlungen und der Austausch entsprechender Objekte waren nicht zuletzt aufgrund Hamburgs weltläufigem Charakter als internationaler Hafen- und Handelsmetropole weit verbreitet. Nyhart weist auf zwei Charakteristika in Möbius' Hamburger Zeit hin:[19] Zum einen verstand er es, seine Themen sowohl in professionellen als auch öffentlichkeitsorientierten Zusammenhängen gleichsam vielfach zu platzieren, wobei seine Lehrertätigkeit die Befähigung für eine solche multiple Kommunikation sicherlich erleichterte. So brachte er in seiner kleinen Monographie *Die echten Perlen: Ein Beitrag zur Luxus-, Handels- und Naturgeschichte derselben* von 1857 nicht nur Ökonomie, Kulturgeschichte und Zoologie zusammen, sondern diskutierte darüber hinaus soziale Aspekte der Arbeitsbedingungen der Perlentaucher und nicht zuletzt aktuelle Probleme der Überfischung – ein Muster, das sich zum Teil auch in der „Auster" wiederfindet. Zum anderen wandte sich Möbius stets sehr ausführlich den phy-

18 Ebd., S. 608 und 616; vgl. auch Leps, Einführung ..., a. a. O., S. 10f.
19 Nyhart, Civic ..., a. a. O., S. 616ff.

sikalisch-chemischen und biologischen Lebensbedingungen der Organismen zu. Diese Aufmerksamkeit hängt nicht zuletzt eng mit Möbius' Bemühungen zur Meerestierhaltung in (öffentlichen) Aquarien zusammen, denn nur über eine genaue Kenntnis solcher Lebensbedingungen war dies überhaupt möglich. Wissenschaftlich zeigt sich diese Perspektive am deutlichsten im umfangreichsten Forschungsprojekt der Hamburger Zeit, der Untersuchung Kieler Förde, wo der Kaufmann, Mäzenat und Amateurzoologe Heinrich Adolf Meyer ein Haus besaß. Von dort aus untersuchten er und Möbius zwischen 1859 bis 1868 ausführlich die Geomorphologie, die physikalisch-chemischen Parameter und die Fauna, wobei sie v.a. aufgrund physiographischer Parameter unterschiedliche Teilbereiche als „Regionen" mit einer dafür charakteristischen Artenkombination unterschieden. Das Ergebnis war ein zweibändiges Werk „Die Fauna der Kieler Bucht" von 1865 und 1872, in dem im allgemeinen Teil bereits im Ansatz ein biozönologisches Forschungsprogramm antizipiert wurde, allerdings ohne es auf den Begriff zu bringen.[20]

Die bürgerschaftliche Zoologie zeichnete sich durch eine spezifische Kombination von professionellen akademischen Wissenschaftlern, naturwissenschaftlich gebildeten Lehrern, Ärzten oder Apothekern sowie Laien verschiedenster Berufe aus. Im Zentrum stand das Interesse an und nicht selten auch das Sammeln von Naturalien, insbesondere Tieren, in regional bis global orientierter taxonomischer Perspektive. Zugleich beteiligte man sich aktiv an der öffentlichen Präsentation des Wissens und der Objekte in Museen, Zoos oder Aquarien. Dabei prägte die Zoologie ab Mitte des 19. Jahrhunderts die entsprechenden Institutionen gleichsam als Leitdisziplin der Naturkunde insgesamt: Hier spielten sich in der Folge von Darwins Publikation von 1859 die Auseinandersetzungen über die Evolutionstheorie ab. Zugleich bildete die Anthropologie stets einen Ansatz für Fragen gesellschaftspolitischer Implikationen der Biologie. Schließlich boten Tiere insgesamt die

20 Ebd.; vgl. auch Leps, Einführung ..., a. a. O., S. 16f.

unmittelbarsten Anknüpfungspunkte an die Lebenswelt von Besuchern.[21]

Wie bereits angedeutet, bietet Möbius' Darstellung in der „Auster" tatsächlich ein enzyklopädisch-naturhistorisches Spektrum von Informationen, das von der Biologie, Physiographie der Küstengewässer, Fischerei, Ökonomie und Biochemie bis hin zu praktischen Ratschlägen zum besten Speisegenuss der Auster reicht.[22]

Auch das für die theoretische Konzeption zentrale Kap. 10 arbeitet von Beginn an auf Basis einer Repräsentation, einer narrativen Veranschaulichung der Biozönose: Möbius schildert sehr lebensnah, welche Tiere sich aus dem ausgeschütteten Fang des Austernnetzes auf dem Deck des Fischerbootes „behende hervorarbeiten" oder „starrend vor Stacheln ... regungslos ruhen". Möbius präsentiert zuerst einmal bildkräftige, lebensweltliche Evidenz für seinen Befund, dass die Austernbank eine Vielzahl von Tier- und einige Pflanzenarten enthält. Von der Narration wechselt er danach zu eher deskriptiven zoologischen Befunden, bevor er dann seine Definition vorlegt.[23] Auch im Schlusskapitel entwirft er noch einmal narrativ das „Bild von einem Stückchen des wirklichen reichen Lebens auf einer Austernbank". Diese stammt allerdings aus einem Aquarium, das eine partielle Rekonstruktion und Repräsentation ermöglicht und nach Möbius sogar der direkten Beobachtung im Wattenmeer durch Taucher aus praktischen Gründen überlegen sei.[24] Man kann hier bereits Möbius' Entwürfe neuer Ansätze der naturkundlichen Präsentationsmodi von biologisch und ökologisch orientierten Dioramen statt taxonomischer Anordnung angelegt sehen, die er später vor allem im Berliner Naturkun-

21 Köstering, Susanne: *Natur zum Anschauen. Das Naturkundemuseum des deutschen Kaiserreichs 1871–1914*. Köln 2003.Hier S. 11. Zur akademischen Zoologie vgl. Nyhart, Lynn K.: *Biology takes form. Animal morphology and the German Universities 1800–1900*. Chicago 1995.

22 Möbius, Die Auster ..., a. a. O., hier S. 100.

23 Ebd., S. 72–75.

24 Ebd., S. 119f.

demuseum umsetzte und damit die gesamte Landschaft der deutschen Naturkundemuseen stark transformierte.[25] Mir scheint dieser narrative Zugang zu einer letztlich biologisch-theoretischen Erörterung charakteristisch für Möbius' Elemente einer bürgerschaftlichen Zoologie zu sein. Auch die Verwendung der lokal bürgerschaftlich-kirchlich konnotierten Ausdrücke „Gemeinde lebender Wesen" und „Lebensgemeinde" kann in diese Richtung interpretiert werden.[26]

In der Zoologie des späten 19. Jahrhunderts ist die Verbindung von „civic" und „economic" zoology, wie sie paradigmatisch bei Möbius zu finden ist, allerdings kein deutsches Spezifikum. Einer der Pioniere der nordamerikanischen Ökologie, Stephen A. Forbes, der das Bild vom See als einem Mikrokosmos prägte,[27] arbeitete als staatlicher Entomologe in Illinois ganz vergleichbar an fischereibiologischen Fragen und allgemeinen Darstellungen auch aus ökologisch-theoretischer Sicht.[28]

---

25 Zu Naturkundemuseen vgl. die umfassende Studie von Köstering, Natur ..., a. a. O., die auch ausführlich die zentrale Bedeutung von Möbius und seiner Biozönosekonzeption für Repräsentationen von Natur im Museum herausarbeitet.

26 Ebd. S. 75 bzw. 76. Die heute geläufige Formulierung „Lebensgemeinschaft" findet sich bei Möbius nicht in der „Auster", sondern erstmals in Möbius, Karl August: *Die Bildung, Geltung und Bezeichnung der Artbegriffe und ihr Verhältnis zur Abstammungslehre, Zoologische Jahrbücher. Zeitschrift für Systematik, Biologie und Geographie der Tiere* Vol. 1. Jena 1886. S. 247.

27 Forbes, Stephen Alfred, "The lake as a microcosm," *Bull. Peoria Sci. Ass.* [republished in Illinois Nat. Hist. Surv. Bull. 15(1920): 537–550] (1887).

28 Nyhart, Civic ..., a. a. O., S. 628–6330 nennt für Deutschland zudem den Autor des „Tierlebens" Alfred Brehm, den Direktor des Hamburger Naturkundemuseums und Reformlehrer Karl Kraepelin, Rudolf (Deutsche Ornithologische Gesellschaft) und Wilhelm (Naturkundemuseum Braunschweig) Blasius sowie für die USA den Paläontologen und Direktor des American Museum of Natural History, Henry Fairfield Osborn.

Biologische und ökologische Begriffsbildung 1: Selektionstheorie und Biozönose

Beim Durchgang durch die „Auster" ergibt sich ein interessanter Befund: So wie der Titel bereits anzeigt, behandelt Möbius' tatsächlich in mehr als vier Fünfteln der Publikation ausschließlich die biologischen, fischerei-praktischen sowie ökonomischen Dimensionen *einer* Spezies. Nach seiner eigenen Definition betrifft die Biozönose allerdings gerade die Kombination *mehrerer* Arten. Die das gesamte Werk durchziehenden biologischen Erörterungen über die Reproduktion, die Verbreitung und die physikalisch-chemisch-geomorphologischen – also abiotischen – Lebensbedingungen verbleiben weitgehend im Bereich dessen, was heute Autökologie und Populationsökologie genannt wird: Die ökologischen Kontexte eines Individuums bzw. einer Art, wobei gerade die Perspektive der Verbindungen zu oder Interaktion mit anderen Arten (mit Ausnahme von Parasiten und Symbionten) keine besondere Rolle spielt, weil dies in das Feld der sog. Synökologie fällt, die Biozönosen und Ökosysteme als Gegenstände hat.

Ist also das Kapitel zur Biozönose mitsamt seiner synökologischen Begriffsprägung letztlich ein peripherer Exkurs? Mit Blick auf die Gesamtargumentation gilt dies keinesfalls: Möbius eröffnet das Kap. 10 mit dem Befund, dass bei Überfischung der Austernbänke andere Spezies den Platz der Austern einnehmen. Dann folgt der oben erwähnte narrative Teil über die anderen Bewohner der Austernbänke. Mit seiner Definition und folgenden Explikation und der damit verbundenen theoretischen Annahmen kann Möbius nunmehr *synökologisch* begründen, warum die Überfischung von Austern trotz deren hoher Reproduktionsrate den Bestand gefährdet: Sie werden zahlenmäßig durch anderen Arten verdrängt – ein klassisches Beispiel dessen, was später „interspezifische Konkurrenz" heißen wird.

Zwei selektionstheoretische Aspekte lassen sich bei Möbius finden: Erstens betont er zentral den anhand der Auster bereits im Kap. 3 diskutierten Unterschied zwischen der Zahl der Nachkommen (Keimfruchtbarkeit) und der sehr viel geringeren Zahl der tatsächlich zur Fortpflanzung kommenden (Reifefruchtbarkeit). Zweitens kombiniert er dies im Kap. 10 mit der biozönotischen Konkurrenz um Platz zur Ansiedlung auf der Austernbank, die mit anderen sessilen Muschelarten besteht.

Wie Ilse Jahn nachgewiesen hat, exzerpierte Möbius bereits 1860 Teile aus Darwins 1859 erschienenem Hauptwerk *On the origins of species by means of natural selection.* Er behandelte evolutionstheoretische Themen in seinen Vorlesungen in Kiel ab etwa 1870.[29] Wenn aber, wie Jahn und Leps darlegen, Möbius selektionstheoretische Konzepte von Darwin übernahm, warum findet sich keine Erwähnung davon in der „Auster"? Eine naheliegende Erklärung ist, dass es von der ganzen Anlage der Schrift her nicht passte: Möbius zitiert allein Austern-relevante Literatur und im Kapitel zur Biozönose überhaupt keine Schriften.[30] Nyhart merkt an, dass Möbius im ersten Band der „Fauna der Kieler Bucht" von 1865 ebenfalls evolutionsbiologische Themen diskutiert, ohne Darwin explizit zu erwähnen. Im Zusammenhang mit Möbius' Berufung nach Berlin 1887 verweist sie auf ein zweites mögliches Motiv, nämlich dass Möbius sich – vielleicht zu seinem Vorteil, was die Berufungspolitik anging – aus den stürmischen öffentlichen Debatten um die Deszendenzlehre heraus gehalten hatte.[31] Diese Vermutung passt zu Möbius' eigener Positionierung in der Zoologengemeinde, wo er 1886 in einem Aufsatz einen heftigen Kampf zwischen „darwinistischen" und „antidarwinistischen Kreisen" ausmacht und zudem – sicherlich sich selbst darin einschließend – „stille kritische Beobachter" ausmacht, die von beiden Lagern lernen würden.[32]

29 Jahn, Ilse, "The concepts of ecology and evolution in the lectures on darwinism by Karl August Möbius (1825–1908)," in: *Evolution and Environment*, Hg. V. J. A. Novák und J. Mlikovsky Prag 1982, S. 515–21. Vgl. Leps, Einführung ..., a. a. O., S. 24f.

30 Und obwohl man dort – kontrafaktisch – auch andere Verweise, beispielsweise auf Humboldt oder auf Haeckel mit seiner 1866 publizierten Definitions des Begriffs „Ökologie", hätte erwarten können.

31 Nyhart, Civic ..., a. a. O., S. 621 und 609.

32 Möbius, Die Bildung ..., a. a. O., S. 241.

An dieser Stelle sei mit Blick auf die Evolutionstheorie eine bislang kaum beachtete Bemerkung aus der „Auster" erwähnt, in der Ökologie und Evolutionstheorie auf sehr eigentümliche Weise miteinander in Berührung kommen:

> „Aller [im biozönotischen Gebiet] vorhandene organisirbare Stoff wird von den dort erzeugten Wesen völlig in Anspruch genommen. Daher sind wohl an keinem belebungsfähigen Orte der Erde noch organisirbare Stoffe für Urzeugungen übrig."[33]

Offenbar war sich Möbius zumindest der *Deszendenz*theorie Darwins, die eine kontinuierliche „Urzeugung" ausschloss, nicht so sicher wie dessen *Selektions*theorie.

Wichtig für den Übergang zur Ökologietheorie ist hier die Idee, dass alle – wie man heute sagen würde – Ressourcen vollständig in der Nutzung sind. Ökonomisch gesprochen: Erst wenn ein Gut knapp ist, kann es Konkurrenz und letztlich auch Selektion geben. Eine damit verbundene Vorstellung der Vollständigkeit stofflicher Einbindung in die Biozönose wird in der vieldiskutierten Formulierung Möbius' vom Gleichgewicht sichtbar:

> „Alle lebendigen Glieder einer Lebensgemeinde halten mit ihrer Organisation den physikalischen Verhältnissen ihrer Biocönose das Gleichgewicht, ..."[34]

Nimmt man diese Formulierung ernst, so ist eindeutig, dass das „biozönotische Gleichgewicht" bei Möbius keinesfalls eine prästabilierte Harmonie oder ein vorgegebener statischer Zustand ist, sondern dass vielmehr biologische und abiotische (physikalisch-chemisch-räumliche) Faktoren eine bestimmte Konstellation eingehen, die sich bei Veränderung irgendeines der Faktoren ändert. Möbius hebt für die befischte Austernbank hervor, dass es sich nicht um natürliche, sondern stets um anthropogen („künstlich") bewirkte Gleichgewichte handelt, was zweierlei Implikationen hat: Extreme Überfischung kann die Zahl der Austern dauerhaft reduzieren und sie damit als *Austern*bänke zerstören, ein Abschöpfen reifer Austern vor ihrer Alterung hebt dagegen die Produktivi-

33 Möbius, Die Auster ..., a. a. O., S. 83.
34 Ebd., S. 80.

tät der Bank, weil ein anderes Gleichgewicht zwischen den biotischen und abiotischen Faktoren entsteht.

Es gibt eine bislang unbemerkte Parallele zwischen Darwins und Möbius' Ökologie, nämlich die narrative Skizze einer Biozönose als Kontemplation für den Verweis auf einheitliche Naturgesetze. Nicht nur lässt Möbius in seinem Biozönosekapitel die Austernbank sichtbar werden (s. o.), sondern auch Darwin schildert im Schlusskapitel seines ungleich berühmteren Buches eine *entangled bank*: Bei ihm ist es ein Uferstück am Fluss mit vielerlei Tieren und Pflanzen, das er skizziert und das ihm einerseits verwirrend und komplex erscheint, von dem er andererseits aber gewiss ist zu sagen, dass alles von denselben Gesetzen – bei ihm Abstammung mit Modifikation (Variation) und Selektion der Passendsten (als Resultat der Konkurrenz) – bestimmt wird.[35]

Biologische und ökologische Begriffsbildung 2: Interaktionstheorie und Biozönose

Welchen zentralen ökologietheoretischen Gehalt hat Möbius' Konzeption der Biozönose jenseits der Bezüge zur Evolutionstheorie? Sie beruht auf der Annahme eines Interaktionsgefüges zwischen Faktoren, das letztlich die Kombination von Arten und deren Individuenzahl bestimmt. Man kann also von einer interaktionistischen, systemischen[36] oder „funktionellen"[37] Auffassung sprechen, wobei Funktion hier nicht im Sinne von Zweckmäßigkeit gemeint ist, sondern die *Interaktion* zwischen den Elementen betont. Mit dieser Auffassung wird die raumzeitliche *Struktur* nicht geleugnet, sie ergibt sich aber gewissermaßen (erst) als

35 Darwin, Charles Robert: *On the origin of species by means of natural selection – or the preservation of favoured races in the struggle for life (Neuausgabe der 1. Auflage von 1859), The Works of Charles Darwin* Vol. 15. London 1988, S. 489f.

36 Leps, Einführung ..., a. a. O., S. 22f.

37 Jax, Kurt: *Die Einheiten der Ökologie, Theorie in der Ökologie* Vol. 5. Frankfurt am Main 2002. S. 32–34.

Resultat der Interaktionen. In der Geschichte seither viel diskutiert sind drei Problemkomplexe einer solchen Auffassung:

Auf das erste hat bereits Möbius selbst hingewiesen: Da über die Faktoren, Interaktionen und sogar die beteiligten Arten im Detail sehr wenig bekannt ist, müssten letztere erst einmal qualitativ und quantitativ bestimmt werden, bevor man die Biozönose wirklich genau charakterisieren kann. Dieses Problem ist allerdings kein theorieimmanentes Hindernis, sondern eröffnet vielmehr in der Tat den Ansatz für ein Forschungsprogramm, das im Laufe der Ökologiegeschichte bis in die Ökosystemforschung hinein zu verfolgen ist.[38] Nicht außer Acht lassen sollte man allerdings die verschiedenen Zwischenschritte, Sackgassen und Modifikationen, die eine lineare Erzählung von Möbius' Biozönose bis zum Ökosystem wissenschaftshistorisch und -theoretisch viel zu vereinfacht erscheinen lässt.[39] Dies gilt nicht zuletzt für die Frage der Übertragung von Begriffen in eine andere Sprache. So unterscheidet sich „Biozönose" als „Lebensgemeinschaft" oft sehr vom Begriff der „community" in der englischsprachigen Ökologie. Die zumindest begrenzt exakte Übersetzbarkeit von Begriffen ist Teil eines größeren Problemkomplexes der Ökologie, in der seit jeher eine große Menge an Begriffen mit vielfältiger, oft kontroverser, nebeneinander und durcheinander in Gebrauch befindlicher Bedeutung geprägt wurden und werden.[40] Ob allerdings Begriffe überflüssig

38 Leps, Einführung ..., a. a. O., S. 28–30; Golley, Frank Benjamin: *A history of the ecosystem concept in ecology – More than the sum of the parts.* New Haven CT & London 1993; Worster, Donald: *Nature's economy. A history of ecological ideas, Studies in Environment and History.* London & New York 1994.; hier S. 214ff.

39 Vgl. Jax, Die Einheiten ..., a. a. O.; Trepl, Ludwig: *Geschichte der Ökologie – Vom 17. Jahrhundert bis zur Gegenwart.* 10 Vorlesungen. Frankfurt a.M. 1987.

40 Jax, Die Einheiten ..., a. a. O., 17f. und passim. Gerade in der deutschen Tradition zeigt sich eine besonders starke Tendenz zur Zergliederung von Begriffen sowie abstrakter Systembildung ohne enge empirische Rückbindung. Möbius verfällt diesem Verdikt allzu großer Abstrakheit eben nicht.

oder innovativ sind, lässt sich nicht generell entscheiden, für den Begriff „Biozönose“ ist das historische Urteil einhellig positiv, gleichwohl wird über seinen angemessen extensionalen Gehalt weiter gestritten.

Das zweite Problem betrifft die Frage, inwiefern die Biozönose den physisch-chemisch-geomorphologischen „Lebensraum“ beinhaltet oder ihm gegenübersteht. Hier sind Möbius’ Ausführungen nicht eindeutig, insbesondere ob dessen Faktoren („Einwirkungen“) Ursachen oder Bestandteile der Lebensgemeinschaft sind.[41] Nach 1900 wurde im deutschen Sprachraum das Begriffspaar „Lebensraum“ und „Lebensgemeinschaft“ unterschieden, dass nach August Thienemann (1882–1960) zusammen eine „Einheit höherer Ordnung“ bildet.[42] Folgt man dieser Auffassung, so ist die Biozönose lediglich Teil dessen, was man heute als Ökosystem versteht, und zwar allein ihr genuin biologischer.[43]

Das dritte Problem betrifft die räumliche Abgrenzung der Biozönose, die sich analog auch für das Ökosystem stellt, wenn man es funktionell definiert.[44] Bereits Möbius hat man die Kombination der funktionellen Definition in Verbindung mit einer räumlichen („in einem abgemessenen Gebiete“) zum Vorwurf gemacht und darauf hingewiesen, dass beispielsweise Plankton als Nahrung für die filtrierenden Austern von außerhalb der Austernbank käme, zugleich aber funktionell als Faktor zur Biozönose gehören müsste. Die Lösung besteht darin anzuerkennen, dass man stets von bestimmten Funktionen ausgeht – im Falle der Austernbank eben von unmittelbarer räumlicher Interaktion der Organismen – und nicht hypothetisch von allen denkbaren Funktionen. Man sollte zudem berücksichtigen, dass die interaktionistische Perspektive

41 Vgl. den Unterschied in seinen Publikationen von 1877 und 1886.

42 Thienemann, August, „Lebensgemeinschaft und Lebensraum,“ *Naturwissenschaftliche Wochenschrift, N.F.* 17, 20+21 (1918): 181–290 + 97–303.

43 So etwa Begon, Michael, John L. Harper, und Colin R. Townsend: *Ecology – individuals, populations and communities.* 3. Aufl. London 1996.

44 Jax, Die Einheiten ..., a. a. O., S. 43 und passim.

nicht behauptet, alle Interaktionen fänden autochthon in einer raumzeitlich vollständig abgegrenzten Biozönose (oder einem Ökosystem) statt.

Dennoch liegt im Abgrenzungsproblem, sei es raumzeitlich oder auch funktional verstanden, der Kern einer die Geschichte der Ökologie prägenden Diskussion darüber, ob und inwiefern Lebensgemeinschaften und Ökosysteme eigenständige und zumindest in gewisser Weise „natürlich" abgrenzbare Objekte jenseits einer willkürlichen Konstitution durch die Fragestellung sind.[45]

Auch heutzutage geht die Debatte weiter: Unter direktem Verweis auf Möbius, der die Biozönose für eine räumlich begrenzte Einheit wie eben die Austernbank festlegen wollte, formuliert Martin nunmehr:

> „Eine Biozönose ist weniger durch räumliche Grenzen, sondern vielmehr durch die funktionalen Beziehungen zwischen den Arten und ihren Wirkungen aufeinander gekennzeichnet. Wesentlich ist das Vorhandensein von Faktoren, die innerhalb eines Gefüges von Arten entstehen und wirken, nämlich die ... Interaktionen."[46]

Das Spektrum der Interaktionen umfasst dabei die biotischen Formen Pyhtophagie und Herbivorie, Prädation, Konkurrenz, Mutualismus sowie – weitaus weniger prominent – die abiotischen Einwirkungen der Umwelt.[47]

---

45 Ebd., passim; Golley, A history ..., a. a. O.; Trepl, Geschichte ..., a. a. O.; Worster, Nature's ..., a. a. O. Das Problem auch einer sog. statistisch-strukturellen Auffassung der Biozönose ist, dass man zwar besser räumlich abgrenzen kann, dass aber aus dem Befund eines gemeinsamen Vorkommens in derselben Raum-Zeit-Einheit allein nicht geschlossen werden darf, dass tatsächlich Interaktionen vorliegen oder gar eine funktionelle Einheit vorliege, siehe dazu auch unten zur Selbstregulation.

46 Martin, Ökologie ..., a. a. O. (Fn 2), S. 4.

47 Ebd.; eine eher an den Mustern der Artenkombination, also strukturorientierte Biozönologie vertreten Kratochwil und Schwabe-Kratochwil, Ökologie..., a. a. O. (Fn 2).

Hier stellt sich erneut die Frage nach der Natur des biozönotischen Gleichgewichts: Sind alle diese Interaktionen allein solche zwischen Individuen, dann ergibt sich die Biozönose und ihr Zustand allein als Epiphänomen. Gibt es aber *auf der Ebene* der Biozönose oder des Ökosystems eine (Selbst)Regulation, dann – und nur dann – ergibt die Rede von einem (dynamischen) Gleichgewicht Sinn. Man hat die Idee des „natürlichen Gleichwichts" mit allgemeineren naturphilosophischen Vorstellungen einer *balance of nature* meist sehr kritisch in Beziehung gesetzt.[48] Gregory Cooper hat allerdings darauf hingewiesen, dass weder das prinzipielle Postulat von Gleichgewichtszuständen (wie bei Möbius) noch die prinzipielle Ablehnung der Möglichkeit von Gleichgewichtszuständen (wie bei den meisten heutigen Ökologen) empirisch überhaupt entscheidbar sind.[49]

In diesem Zusammenhang ist die Interpretation von Kölmel einschlägig, der für Möbius' Biozönosebegriff eine Kombination von quantitativ orientierten „technisch-naturwissenschaftlichen" Aspekten mit einem „Ganzheitsanspruch des humanistischen Idealismus" betont. Eine solche Verbindung ermöglicht den Anschluss an spätere „sowohl vitalistische wie mechanistische oder holistische, wie auch die heutigen mathematisch-kybernetischen Auffassungen in diesem Begriff".[50] Nicht selten wird ein Konflikt zweier Ansätze, die man beispielsweise mit den Begriffspaaren „reduktionistisch/ holistisch" oder „mechanistisch / organizistisch" charakterisiert, als Problem insbesondere der „frühen" Ökologie konstatiert.[51] Möbius und sein vielschichtiger Biozönosebegriff können

48 Egerton, Frank N., "Changing concepts of the balance of nature," *Quarterly Review of Biology* 48 (1973): 322–51; Jansen, A. J., "An analysis of 'balance in nature' as an ecological concept," *Acta biotheoretica 21* (1972): 86–114.

49 Cooper, Gregory: *The science of the struggle for existence. On the foundations of ecology.* Cambridge 2004. Cooper vertritt eine theoretische Position, nach der es keine Regulationen jenseits der Population gibt, also nicht auf Ebene der Biozönose und des Ökosystems.

50 Kölmel, Zwischen Universalismus und Empirie ..., a. a. O., (Fn 1), S. 28.

im Gegenteil jedoch als produktiver, geradezu notwendig vieldeutiger Teil ihrer spezifischen Ermöglichungsbedingungen verstanden werden. In diesem Sinne ist es genau die Offenheit der Begriffsprägung, die einen nachhaltigen Rezeptionserfolg in der Geschichte der Ökologie ermöglicht.

Von der Lebensgemeinschaft zur Volksgemeinschaft?

Für die Rezeptionsgeschichte der Biozönose als „Lebensgemeinschaft" ist die sehr bedeutsame Verwendung im Kontext des Naturkundemuseums bereits erwähnt worden, wo auf dieser Grundlage eine biologisch-ökologische Anordnung der Objekte die rein taxonomische ersetzte.[52] Ebenfalls weit verbreitet wurde der Einsatz über den Schulunterricht, wo die Lebensgemeinschaft in der Praxis vermittelt werden sollte. Dies geht vor allem auf den Kieler Lehrer Friedrich Junge zurück, der die Konzeption direkt durch Möbius kennen lernte.[53]

In der Verbindung mit dem „Lebensraum" in der Bio- und Sozialgeographie Friedrich Ratzels[54] ist der Begriff in seiner deutschen Version auch in nationalistische und völkische Kontexte transformiert worden, da er nicht zuletzt mit der zivilisationskritischen Trennung von negativ assoziierter industrieller und städtischer „Gesellschaft" auf der einen und positiv assoziierter agrarischer

51 Z.B. Breidbach, Olaf, „Über die Geburtswehen einer quantifizierenden Ökologie. Der Streit um die Kieler Planktonexpedition von 1889," *Berichte zur Wissenschaftsgeschichte* 13 (1990): 101–14.

52 Köstering, Natur ..., a. a. O.

53 Junge, Friedrich: *Der Dorfteich als Lebensgemeinschaft. (unveränderter Nachdruck der bebilderten (dritten) Auflage von 1907; Orig. 1885).* St. Peter-Ording 1985. Zur Didaktik ökologischer Konzepte vgl. Trommer, Gerhard: *Natur im Kopf. Die Geschichte ökologisch bedeutsamer Naturvorstellungen in deutschen Bildungskonzepten.* Weinheim 1990.

54 Ratzel, Friedrich: *Der Lebensraum. Eine biogeographische Studie.* Darmstadt 1901.

oder kleinstädtischer „Gemeinschaft“ auf der anderen Seite anschlussfähig war. Eine offensive Vereinnahmung ökologischer Terminologie für völkische Zwecke und später eine offensive „Blut-und-Boden“ -Ideologie verfocht der Kieler Professor an der-Hochschule für Lehrerbildung Paul Brohmer.[55] Zwar folgten die führenden deutschen Ökologen Karl Friederichs (1878–1969) und August Thienemann dieser notorisch völkischen Linie nicht, gleichwohl versuchten auch sie während des Nationalsozialismus, ihre Ganzheitskonzeptionen als anschlussfähig an die politische Situation darzustellen. Es ist zu konstatieren, dass sie während und nach der Weimarer Republik nicht zu den Verfechtern demokratischer Werte zählten.[56] Diskussionen um politische Implikationen der naturwissenschaftlichen Konzeption von Biozönosen prägten auch die Ökologie in Großbritannien und Südafrika, wo liberale und gemäßigt sozialistische Ökologen wie der Schöpfer des Begriffs „Ökosystem“, Arthur Tansley (1871–1955), der Tierökologe Charles Elton (1900–1991) und Evolutionisten wie Julian Huxley (1887–1975) konservativen Verfechtern eines Holismus wie dem Botaniker und Politiker Jan Smuts (1870–1950) und dem

55 Brohmer war Schüler Ernst Haeckels und publizierte Mitte der 1930er Jahre eine vierbändiges Lehrerhandbuch „Die deutschen Lebensgemeinschaften“; vgl. auch Brohmer, Paul: *Biologieunterricht und völkische Erziehung, Die nationalsozialistische Erziehungsidee im Schulunterricht.* Frankfurt a.M. 1943. Eine Übersicht gibt Trommer, Natur ..., a. a. O.

56 Potthast, Thomas, „Zwischen exakter Naturwissenschaft, Sinnforschung und Umweltmoral: Ökologie im Spannungsfeld nomothetischer und idiographischer Wissenschaftsideale (Einleitende Bemerkungen),“ in: *Berichte zur Geschichte der Ökologie und weitere Beiträge zur 9. Jahrestagung der DGGTB in Neuburg/Donau 2000*, Hg. Eckart Höxtermann, Joachim Kaasch, und Michael Kaasch, *Verhandlungen zur Geschichte und Theorie der Biologie 7* Berlin 2001, S. 65–68; Potthast, Thomas, „Wissenschaftliche Ökologie und Naturschutz: Szenen einer Annäherung,“ in: *Naturschutz und Nationalsozialismus*, Hg. Joachim Radkau und Frank Uekötter Frankfurt / New York 2003, S. 225–54.

Vegetationskundler John Phillips (1899–1987) gegenüberstanden.[57] Anders gelagert war die Situation in den USA, wo die linksliberale Schule der Ökologie in Chicago um Warder C. Allee (1885–1955), der in seinem Lehrbuch ausführlich auf Möbius eingegangen war, versuchte, einen biologischen Gemeinschaftsgedanken auch politisch den extrem individualistischen Konkurrenzkonzeptionen einer neodarwinistisch orientierten Biologie und später auch der Populationsökologie entgegenzusetzen.[58]

Biozönose, Natur- und Umweltschutz

Möbius' Entwurf der Biozönose steht in unmittelbarem Zusammenhang eines konkreten Umwelt- und Naturschutzproblems, der „Verarmung" und Zerstörung der Austernbänke. Wie oben betont wurde, ist es genau die Kombination ökologischer Theoriebildung mit diesem anwendungsorientierten Problem, die Möbius' erfolgreich in beide Richtungen aufbauen konnte. Sie hat die Geschichte der Ökologie seither durchzogen, egal, ob die enge Verschränkung oder Gleichsetzung von „Ökologie" mit „Umwelt- und Naturschutz" positiv oder eher skeptisch, als unhintergehbar oder als unerwünschte Kontamination interpretiert wird.[59]

Bei allem konzeptionellen Erfolg sollte allerdings nicht vergessen werden, dass bloße Publikation und Rezeption noch keinesfalls einen Erfolg in der Sache mit sich bringen muss. Möbius' Diktum,

---

57 Anker, Peder Johan: *Imperial ecology: Environmental order in the British Empire, 1895–1945*. Cambridge MA 2001.

58 Mitman, Gregg: *The state of nature: ecology, community, and American social thought, 1900–1950, Science and its conceptual foundations*. Chicago & London 1992; Kingsland, Sharon E.: *Modeling nature – episodes in the history of population biology, Science and its conceptual foundations*. Chicago & London 1985.

59 Vgl. Potthast, Szenen ..., a. a. O.; Trepl, Geschichte ..., a. a. O.; Worster, Nature's ..., a. a. O.; Zirnstein, Gottfried: *Ökologie und Umwelt in der Geschichte, Ökologie und Wirtschaftsforschung* Vol. 14. Marburg 1994.

dass nichts gegen die Gesetze der Natur durchsetzbar sei, wurde mit Bezug auf seine konkreten Empfehlungen für die Austernwirtschaft nicht wirklich ernst genommen: Es wurden trotz seiner ökologischen Begründung dafür, dass eine Austernzucht im Wattenmeer nicht möglich sei, etliche vergebliche Zuchtversuche angestellt. Letztlich ist aufgrund der Überfischung die Europäische Auster (*Ostrea edulis*) vollständig aus der Nordsee verschwunden. Allerdings konnte sie für Nutzungszwecke ersetzt werden durch die aus dem Pazifik stammende, auch kultivierbare Austernart *Crassostrea gigas*. Ganz wie von Möbius abstrakt prognostiziert, fand sich als Resultat der Veränderung abiotischer und biotischer „Erhaltungsbedingungen“ durch menschliche Interaktion mit der Natur eine neue anthropogene Lebensgemeinschaft zusammen, die nunmehr die Austernwirtschaft und das ökologische System an den europäischen Westküsten mit prägen.

In seiner Art des Zugangs, der Verbindung konkret-empirischer und theoretischer Aspekte, seiner Orientierung auch an öffentlicher Vermittlung sowie dem Bezug zu umweltökonomischen und Naturschutzproblemen verkörpert Karl August Möbius mit seiner Schrift „Die Auster und die Austernwirthschaft“ in der Tat einen „Klassiker des ökologischen Denkens“ im Rahmen der „exakten Naturwissenschaften“.

Literatur:

Anker, Peder Johan: *Imperial ecology: Environmental order in the British Empire, 1895–1945*, Cambridge MA: Harvard University Press, 2001.

Beckel, Annamarie L.: *Breaking new waters. A century of limnology at the University of Wisconsin.* Transactions of the Wisconsin Academy of Sciences, Arts and Letters. Special Issue, Madison: Wisconsin Academy of Sciences, Arts, and Letters, 1987.

Begon, Michael, John L. Harper, und Colin R. Townsend: *Ecology – individuals, populations and communities. 3.A.*, London: Blackwell Science, 1996.

Breidbach, Olaf: „Über die Geburtswehen einer quantifizierenden Ökologie. Der Streit um die Kieler Planktonexpedition von 1889." *Berichte zur Wissenschaftsgeschichte* 13 (1990): 101–14.

Brohmer, Paul: *Biologieunterricht und völkische Erziehung.* Die nationalsozialistische Erziehungsidee im Schulunterricht, Frankfurt a.M.: Moritz Diesterweg, 1943.

Cooper, Gregory: *The science of the struggle for existence. On the foundations of ecology*, Cambridge: Cambridge University Press, 2004.

Darwin, Charles Robert: *On the origin of species by means of natural selection – or the preservation of favoured races in the struggle for life (Neuausgabe der 1. Auflage von 1859).* The Works of Charles Darwin Bd. 15, London: William Pickering, 1988.

Egerton, Frank N.: "Changing concepts of the balance of nature." *Quarterly Review of Biology* 48 (1973): 322–51.

Forbes, Stephen Alfred: "The lake as a microcosm." *Bull. Peoria Sci. Ass. [republished in Illinois Nat. Hist. Surv. Bull. 15(1920): 537–550]* (1887).

Golley, Frank Benjamin: *A history of the ecosystem concept in ecology – More than the sum of the parts*, New Haven CT & London: Yale University Press, 1993.

Jahn, Ilse: “The concepts of ecology and evolution in the lectures on darwinism by Karl August Möbius (1825–1908).” In *Evolution and Environment*, hg. von V. J. A. Novák and J. Mlikovsky, 515–21. Prag: CSAV, 1982.

Jansen, A. J.: “An analysis of "balance in nature" as an ecological concept.” *Acta biotheoretica* 21 (1972): 86–114.

Jax, Kurt: *Die Einheiten der Ökologie*. Theorie in der Ökologie Bd. 5, Frankfurt am Main: Peter Lang Verlag, 2002.

Junge, Friedrich: *Der Dorfteich als Lebensgemeinschaft. (unveränderter Nachdruck der bebilderten (dritten) Auflage von 1907; Orig. 1885)*. Vorwort von Wilfried Janssen, Einführungen von Wolfgang Riedel und Gerhard Trommer [Hg.], St. Peter-Ording: Lühr & Dircks, 1985.

Kingsland, Sharon E.: *Modeling nature – episodes in the history of population biology*. Science and its conceptual foundations, Chicago & London: The University of Chicago Press, 1985.

Kölmel, Reinhard: „Zwischen Universalismus und Empirie. Die Begründung der modernen Ökologie- und Biozönose-Konzeption durch Karl Möbius.“ *Mitteilungen aus dem Zoologischen Museum der Universität Kiel* I, no. 7 (1980): 17–34.

Köstering, Susanne: *Natur zum Anschauen. Das Naturkundemuseum des deutschen Kaiserreichs 1871–1914*, Köln: Böhlau, 2003.

Kratochwil, Anselm, und Angelika Schwabe-Kratochwil: *Ökologie der Lebensgemeinschaften: Biozönologie*, Stuttgart: Ulmer, 2001.

Leps, Günter: „Einführung: Karl August Möbius, ein Klassiker des ökologischen Denkens.“ In *Zum Biozönose-Begriff. Kapitel aus „Die Auster und die Austernwirtschaft“ 1877*, hg. von Ilse Jahn, 8–36. Leipzig: Akademische Verlagsgesellschaft Geest & Portig, 1986.

Martin, Konrad: *Ökologie der Biozönosen*, Berlin: Springer, 2002.

Mitman, Gregg: *The state of nature: ecology, community, and American social thought, 1900–1950*. Science and its conceptual foundations, Chicago & London: University of Chicago Press, 1992.

Möbius, Karl August: *Die Auster und die Austernwirthschaft*, Berlin: Wiegandt, Hempel & Parey, 1877.

———: *Die Bildung, Geltung und Bezeichnung der Artbegriffe und ihr Verhältnis zur Abstammungslehre.* (Sonderdruck 36 S.) [Hg.]. Zoologische Jahrbücher. Zeitschrift für Systematik, Biologie und Geographie der Tiere Bd. 1, Jena: Gustav Fischer, 1886.

Nyhart, Lynn K.: *Biology takes form. Animal morphology and the German Universities 1800–1900*, Chicago: Chicago University Press, 1995.

———: "Civic and economic zoology in nineteenth-century Germany. The 'living communities' of Karl Möbius." *Isis* 89 (1998): 605–30.

Olesko, Kathryn, [Hg.]: *Science in Germany. The intersections of institutional and intellectual issues. OSIRIS N.S.* Vol. 5, Chicago: Chicago University Press, 1989.

Potthast, Thomas: „Wissenschaftliche Ökologie und Naturschutz: Szenen einer Annäherung." In *Naturschutz und Nationalsozialismus*, hg. von Joachim Radkau and Frank Uekötter, 225–54. Frankfurt / New York: Campus, 2003.

———: „Zwischen exakter Naturwissenschaft, Sinnforschung und Umweltmoral: Ökologie im Spannungsfeld nomothetischer und idiographischer Wissenschaftsideale (Einleitende Bemerkungen)." In *Berichte zur Geschichte der Ökologie und weitere Beiträge zur 9. Jahrestagung der DGGTB in Neuburg/ Donau 2000*, hg. von Eckart Höxtermann, Joachim Kaasch und Michael Kaasch, 65–68. Berlin: Verlag für Wissenschaft und Bildung, 2001.

Ratzel, Friedrich: *Der Lebensraum. Eine biogeographische Studie*, Darmstadt: Wissenschaftliche Buchgesellschaft, 1901.

Reise, Karsten: „Hundert Jahre Biozönose – Die Evolution eines ökologischen Begriffs." *Naturwissenschaftliche Rundschau* 33, no. 8 (1980): 328–35.

Schubring, Gert, [Hg.]: *„Einsamkeit und Freiheit" neu besichtigt. Universitätsreform und Disziplinenbildung in Preußen als*

Modell für Wissenschaftspolitik im Europa des 19. Jahrhunderts, Stuttgart: Steiner, 1991.

Thienemann, August: „Lebensgemeinschaft und Lebensraum." *Naturwissenschaftliche Wochenschrift, N.F.* 17, no. 20+21 (1918): 181–290 + 97–303.

Trepl, Ludwig: *Geschichte der Ökologie – Vom 17. Jahrhundert bis zur Gegenwart. 10 Vorlesungen.* Athenäum Taschenbücher Bd. 4070, Frankfurt a.M.: Athenäum, 1987.

Trommer, Gerhard: *Natur im Kopf. Die Geschichte ökologisch bedeutsamer Naturvorstellungen in deutschen Bildungskonzepten*, Weinheim: Deutscher Studien Verlag, 1990.

Worster, Donald: *Nature's economy. A history of ecological ideas.* 2 (Reprint1995) [Hg.]. Studies in Environment and History, London & New York: Cambridge University Press, 1994.

Zirnstein, Gottfried: *Ökologie und Umwelt in der Geschichte.* Ökologie und Wirtschaftsforschung Bd. 14, Marburg: Metropolis, 1994.

Anmerkung zur Edition

Im Gegensatz zur Ausgabe von 1986 umfasst diese Neuausgabe ein vollständiges Faksimile der Originalpublikation von 1877.

Frau Dr. Dr. h.c. Ilse Jahn danke ich für die Anregung und Unterstützung zu einer neuen Einleitung, Frau Christine Bönisch vom Verlag Harri Deutsch für die gute Zusammenarbeit bei dieser erweiterten Neuausgabe.

Einführung

Karl August Möbius, ein Klassiker des ökologischen Denkens

von
Günther Leps

Möbius' Werk „Die Auster und die Austernwirtschaft"[1] (1877) ist die Geburtsurkunde von Begriff und Theorie der Biozönose. Es fand sofort internationale Beachtung. Bereits 1880 erschien eine Übersetzung in „United States Commission of Fish and Fisheries, Part. 8, p. 683–824". 1894 schrieb der amerikanische Austernexperte B. Dean, daß die „Auster" „geradezu klassisch in der Literatur über Austernkultur" geworden sei.[2] Bis in die Gegenwart hält die Resonanz unvermindert an. A. Thienemann entwickelte in Auseinandersetzung mit Möbius' Werk seine theoretische Basis für Limnologie und allgemeine Ökologie (1918; 1939).[3] Die Konzeption der Biogeozönose (1926; 1964) des sowjetischen Ökologen W. N. Sukatschow hat Möbius' Biozönose-Begriff zur Voraussetzung.[4] A. Tansley, der 1935 den Begriff des „ecosystems" (deutsche Diktion: „Ökosystem") einführte, integrierte ebenfalls

---

1 Im folgenden kurz „Auster" genannt.

2 Dean, B.: Die Austernwirthschaft in Deutschland. Mitteilungen des Deutschen Seefischereivereins 1894, S. 319–329.

3 Thienemann, A.: Lebensgemeinschaft und Lebensraum. Naturwissenschaftliche Wochenschrift N. F. 17 (1918) 282–290, 297–303. Thienemann, A.: Grundzüge einer allgemeinen Ökologie. Archiv für Hydrobiologie 35 (1939) 267–285.

4 Sukatschow, W. N.: Prinziples of classification of the spruce communities of European Russia. Journal of ecology J6 (1928). Sukatschew, W. N., und Dylis, N. W.: Grundlagen der Waldbiogeozönologie. Moskau 1964 (Russisch).

Möbius' „Biozönose" in sein Konzept.[5] Allee et al. geben in ihrem klassischen Werk „Principles of Animal Ecology" (1949) einen längeren Auszug aus der „Auster" wieder.[6] Der französische Ökologe R. Dajoz befaßte sich in seinem Buch „Précis D'Écologie" (1972) intensiv mit der „Auster", um Ansätze für die Weiterentwicklung der Theorie der Biozönose zu finden.[7] Auf die „Auster" nehmen in jüngster Zeit solche internationalen Standardwerke Bezug wie das von F. B. Christiansen und T. Fenchel „Theories of Populations in Biological communities" (1977)[8] und von E. P. Odum „Grundlagen der Ökologie" (1980)[9].

Die historische, wissenschaftstheoretische und philosophische Rezeption begann in der DDR in den 50er Jahren, sie war zeitweilig von heftigen Auseinandersetzungen um Begriff und Theorie der Biozönose begleitet.[10]100 Jahre ... Auster" (1977) und 100

---

5 Tansley, A.: The use and abuse of vegetational concepts and terms. Ecology 16 (1935).

6 Allee, W, C., Emerson, A. E., Park, O., Park, T., and Schmidt, K. P.: Prinziples of Animal Ecology. Philadelphia and London 1949.

7 Dajoz, R.: Précis d'Écologie. Paris 1972, deuxième édition. Übersetzung ins Russische nach der 3. Auflage, Moskau 1975.

8 Christiansen, F. B., and Fenchel, T.: Theories of Populations in Biological Communities. Berlin Heidelberg New York 1977.

9 Odum, E. P.: Grundlagen der Ökologie. Stuttgart New York 1980. Übersetzung aus dem Amerikanischen und bearbeitet nach der 3. Auflage. Philadelphia 1973.

10 Zwischen 1951 und 1961 veröffentlichte Fritz Peus (1904–1978), Direktor des Institutes für Spezielle Zoologie und des Zoologischen Museums an der Humboldt-Universität zu Berlin, mehrere Artikel, in denen er für die Auflösung der Begriffe „Biozönose" und „Biotop" eintrat. Die Mehrheit der zeitgenössischen Ökologen stimmte Peus' Konzeption nicht zu. Eine besondere Rolle in der Auseinandersetzung mit Peus spielte die theoretische Arbeit „Zur gegenwärtigen Lage in der Biozönotik" (1958) von Alfred Palissa (geb. 1925), der seit 1957 zum Lehrkörper der Humboldt- Universität gehörte. Vgl. auch Leps, G.: Zur Geschichte der Ökologie in Berlin. Wissenschaftliche Zeitschrift der Humboldt-Universität zu Berlin. Mathematisch-Naturwissenschaftliche Reihe 3/4 (1985).

Jahre Zoologisches Museum der Universität Kiel (1981) waren Anlässe, das Lebenswerk von Karl August Möbius in der BRD zu würdigen.[11]

Karl August Möbius[12] wurde am 7. Februar 1825 in Eilenburg/ Sachsen geboren. 1844 bestand er mit Auszeichnung das Lehrerexamen. Die Tätigkeit als Elementarlehrer befriedigte ihn jedoch nicht. Es drängte ihn zur Wissenschaft. Nachdem Möbius 1849 am Köllnischen Realgymnasium in Berlin das Abitur nachgeholt hatte, schrieb er sich an der Berliner Universität für verschiedene naturwissenschaftliche Studienfächer ein. Die Zoologie wurde sein bevorzugtes Fachgebiet. Seine Universitätslehrer waren der Zoologe und Direktor des Zoologischen Museums Hinrich Lichtenstein (1780–1857), der Physiologe Johannes P. Müller (1801–1858), der Chemiker Eilhard Mitscherlich (1794–1863) und der Professor der Medizin Christian Gottfried Ehrenberg (1795–1876). Jeder einzelne beförderte eigenständig den naturwissenschaftlichen Fortschritt im 19. Jahrhundert. Lichtenstein erwarb sich vor allem große Verdienste durch die Entwicklung des Zoologischen Museums zu einer der berühmtesten Tiersammlungen Eu-

---

11 Scheele, I.: Industrialisierung und Austernzucht im 19. Jahrhundert. Sudhoffs Archiv 64, 4 (1980) 330–350. Reise, K.: Hundert Jahre Biozönose. Die Evolution eines ökologischen Begriffes. Naturwissenschaftliche Rundschau 33, 8 (1980) 328–335. König, R., Kölmel, R., Türkay, M. und Mihah, Y.: Der Zoologe Möbius – Beiträge zu Leben und Werk. – Mitteilungen aus dem Zoologischen Museum der Universität Kiel I, 7 (1981) 1–73.

12 Die biographischen Angaben stützen sich auf: Dahl, F.: Karl August Möbius. Zoologische Jahrbücher, Suppl. VIII (1905); Leps, G.: Karl August Möbius – ein schöpferischer Zoologe und Pädagoge der zweiten Hälfte des 19. Jahrhunderts. Wissenschaftliche Zeitschrift der Pädagogischen Hochschule Potsdam. Gesellschafts- und Sprachwissenschaftliche Reihe 3 (1969); Leps, G.: Carl August Möbius (1825 bis 1908); in Plesse, W., und Rux, D. (Hg.): Biographien bedeutender Biologen. Berlin 1977 (2. Auflage 1982); König, R.: Karl Möbius, eine kurze Biographie; in König et al., S. 5–15 (s. Anm. 10).

ropas. J. Müllers Handbuch der Physiologie (1834–1840) leitete die Überwindung der spekulativen Naturphilosophie in der Physiologie ein und half so, diese als selbständige Disziplin zu etablieren. Müller hellte zuerst die Entwicklungsgeschichte der Echinodermen auf, die sich als eine der geeignetsten Gruppen zum Vergleich zwischen lebenden und fossilen Formen bewährten. Das später von V. Hensen zum Gegenstand besonderer, auch quantitativer Untersuchungen gewählte Plankton erregte als „Auftrieb des Meeres" schon die Aufmerksamkeit J. Müllers. Mitscherlich entdeckte 1819 die für Chemie und Mineralogie gleichermaßen wichtige Isomorphie. Ehrenberg entdeckte die Teilung der Bakterien und begründete 1854 die Mikropaläontologie.

Besonders mit Lichtenstein, dessen Assistent Möbius in den letzten Semestern war, verband ihn ein herzliches Verhältnis, das über die Studienzeit hinausreichte. Lichtenstein war es auch, der seinen ehemaligen Schüler an die Realschule und Gelehrtenschule des Johanneums, der ältesten Bildungsstätte Hamburgs, vermittelte. In Hamburg lernte Möbius seine Frau kennen. Ihr Bruder, der Philosoph Jürgen Bona Meyer (1829–1897), erwähnte als erster Gelehrter auf der deutschen Naturforscher-Versammlung am 20. September 1860 den Namen Charles Darwin, er hat vermutlich seinen Schwager Möbius auch auf Tendenzen in der zeitgenössischen Philosophie aufmerksam gemacht. So verurteilte Möbius den Irrationalismus und Pessimismus des späten J. W. J. Schelling (1775–1854), eines Arthur Schopenhauers (1788–1860), der in den 50er Jahren zum „geistigen Führer" der deutschen Intelligenz erklärt worden war, und Eduard von Hartmanns (1842–1906).[13]

1853 erwarb Möbius an der Universität Halle mit einer Dissertation über „Enthelminthica" den Doktorgrad. Ein Jahr darauf veröffentlichte er seine erste wissenschaftliche Arbeit: „Chardodespilosus, ein Wurm aus der Familie der Gardiaceen". Bis zu seinem Tode folgten über 250 Schriften, darunter 1877 als bekanntestes Werk „Die Auster und die Austernwirtschaft". Die Zahl der biozö-

13 Möbius, K.: Die Lebensgemeinschaften im naturkundlichen Unterricht. Natur und Schule 3 (1904).

notisch-ökologischen Arbeiten umfaßt etwa 45 Titel. Mindestens 14 ökologisch orientierte Arbeiten verfaßte Möbius bis zur „Auster“. Das Gebiet der meeresbiologischen Forschung hatte Möbius mit einer Abhandlung zur „Naturgeschichte der echten Perlen“ (1857) sowie einer zweiten Schrift über Seesterne (1859) betreten. In dieser Zeit unterrichtete er noch als Lehrer für naturwissenschaftliche Fächer (Zoologie, Botanik, Physik, Geographie) oft bis zu 28 Wochenstunden. Der wissenschaftlichen Arbeit widmete er sich in der verbleibenden kargen Freizeit.

Im Sommer 1860 faßten Möbius und sein Freund und Mäzen Heinrich Adolf Meyer-Forsteck (H. A. Meyer) den Plan, die Fauna der Kieler Bucht systematisch zu beobachten, „um ein möglichst vollständiges Bild“ ihrer Tiere zu geben, Außerdem wollten sie „die Freunde der einheimischen marinen Tierwelt auf eine Fundstätte aufmerksam machen, die zu jeder Jahreszeit ... auszubeuten ist“.[14] Ein Ergebnis sind die beiden Bände „Fauna der Kieler Bucht“ (1865 und 1872).

Möbius stand bereits im 43. Lebensjahr, als ihn die Kieler Universität 1868 zu ihrem Professor für Zoologie berief. Das eingeholte Gutachten verweist auf seinen ausgezeichneten und anregenden Vortrag, auf seine Kenntnisse in allen Bereichen der Zoologie sowie in den angrenzenden Disziplinen Botanik und Geologie. Kurz: Möbius habe sich als Hochschullehrer vorzüglich qualifiziert. An anderer Stelle wird seine Befähigung zur Leitung eines zoologischen Museums betont. Möbius hatte 1863 in Hamburg das erste deutsche Seewasseraquarium gegründet und die Neueinrichtung des Hamburger naturgeschichtlichen Museums geleitet. Schließlich unterstreicht das Gutachten Möbius' Beitrag zur wissenschaftlichen Förderung des Fischereiwesens.

Das Studium der Meerestiere hatte Möbius zu Fragen geführt, die neben dem theoretischen Interesse eine praktisch-ökonomische

14 Meyer, H. A., und Möbius, K.: Fauna der Kieler Bucht, Band I: Die Hinterkiemer oder Opisthobranchia der Kieler Bucht, Leipzig 1865; Fauna der Kieler Bucht, Band II: Die Prosabranchia und Lamellibrancha nebst einem Supplement zu den Opisthobranchia. Leipzig 1872.

Bedeutung besaßen. Möbius' derzeitiges Wirken fiel in die Zeit eines raschen Vormarsches der kapitalistischen Produktionsweise in Industrie und Landwirtschaft Deutschlands. Der durch die Industrielle Revolution erzeugte technische Fortschritt verbesserte z. B. die Fanggeräte der Fischer. Die Erweiterung des Eisenbahnnetzes ermöglichte es, die leichtverderblichen Seetiere schnell in entfernte Gegenden zu transportieren, was sich natürlich auf Profite und neue Kapitalanlagen äußerst günstig auswirkte. Im Gefolge dieser Entwicklung zeigten sich erste Anzeichen von Überfischung der Küstengewässer. Die Zahl der Seetiere, vor allem der Austern und Miesmuscheln, verringerte sich. Hilferufe der Seefischerei veranlaßte die preußische Regierung wiederholt, wissenschaftliche Gutachten einzuholen. Im Jahre 1869 erhielt Möbius den Auftrag, ein derartiges Gutachten über die Austern- und Miesmuschelzucht an den norddeutschen Küsten anzufertigen. Gleichzeitig wurde er zum Kommissar der Regierung für die Revision der Schleswig-Holsteinischen Austernbänke ernannt. Noch im selben Jahr bereiste er die Küsten von Frankreich und England. Und 1870 wurde – als Konsequenz – die „Kommission zur wissenschaftlichen Erforschung der deutschen Meere“ gebildet. H. A. Meyer übernahm den Vorsitz. Möbius wurde als Vertreter der Zoologie zum Mitglied der Kommission ernannt. Der Kommission gehörten im Gründungsjahr außerdem der Physiologe Victor Hensen (1835–1924), der Botaniker Adolf Engler (1844–1930), der Anatom Carl von Kupffer (1829–1902), der Physiker Gustav Karsten (1820–1900) und weitere Gelehrte an.[15]

Möbius begründete die Tradition der meeresbiologischen Forschung an der Kieler Universität, die Victor Hensen und Karl Brandt (1854–1931) – Nachfolger von Möbius – würdig fortsetzten, durch Hans Lohmann (1863–1934), Adolf Remane (1898–1975), Carl Schlieper und weitere Gelehrte präsent blieb. „Nirgends anders als in Kiel bei Möbius“, schrieb einer seiner Schüler

15 Poreb, R.: Der Physiologe und Planktonforscher Victor Hensen (1835–1924). Sein Leben und sein Werk. Kieler Beiträge zur Geschichte der Medizin und Pharmazie 9 (1970).

1909 rückblickend, „konnte damals der junge Zoologe, wollte er in Deutschland studieren, die Lebewelt der Seetiere, ohne deren Kenntnis es kein Studium der Zoologie gibt, gründlich kennenlernen."[16] In Kiel entfaltete Möbius neben der Forschung eine rege Lehrtätigkeit, die sich auch auf Personen und Institutionen außerhalb der Universität erstreckte. Über seine Vorträge für die Lehrer der Gemeindeschulen in Kiel berichtete er später: „Gelegentlich flocht ich Bemerkungen über Unterrichtsmethoden ein. Ich verwarf die Befolgung der Vorschrift Lübens, die Kinder hauptsächlich mit den systematischen Merkmalen der Tiere bekannt zu machen, sondern empfahl, den Bau und die Lebenstätigkeiten der Tiere und die Übereinstimmung beider mit den äußeren Lebensbedingungen zu schildern, wie ich es selbst als Lehrer am Johanneum zu Hamburg von 1853 bis 1868 getan hatte."[17] Einer der eifrigsten Hörer war der Hauptlehrer Friedrich Junge (1832–1905). Die Vorträge hatten Junge angeregt, einen Aufsatz über den „naturwissenschaftlichen Unterricht" zu schreiben, den er Möbius vorlegte. Dieser empfahl ihm daraufhin, die Gedanken ausführlicher darzustellen. So entstand als wertvollste Frucht der Vorträge Junges Buch „Der Dorfteich als Lebensgemeinschaft" (1885). Der „Dorfteich" fußte nicht nur auf dem von Möbius in die Biologie eingeführten Begriff der Biozönose, sondern wurde darüber hinaus ein Meilenstein in der Geschichte der aquatisch-ökologischen Schwesternwissenschaft Limnologie.

Nach 18jährigem Wirken in Kiel folgte Möbius 1887 dem Ruf an die Universität Berlin als Professor der Zoologie und Direktor des Zoologischen Museums, dessen Neueinrichtung er leitete, Er vereinigte die zoologischen und zootomischen Sammlungen, sonderte eine Schausammlung aus dem ungeheuren Material ab und stellte „diese in einer streng wissenschaftlichen und doch für die Fassungskraft eines größeren Publikums angemessenen Weise"

16 Matzdorff, C.: Zur Erinnerung an Karl Möbius. Monatshefte für den naturwissenschaftlichen Unterricht aller Schulgattungen 2 (1909).

17 Möbius, K.: Die Lebensgemeinschaften ..., a. a. O. (vgl. FN 12).

auf.[18] Bis 1906 hielt Möbius außerdem noch Vorlesungen. Jeweils im Wintersemester sprach er über das Thema „Die äußeren Lebensbedingungen der Tiere und die Lebensweise“. Von den über 250 Schriften, die Möbius verfaßte, entstanden etwa 100 während seiner Berliner Zeit. In Berlin publizierte Möbius natürlich vorwiegend über zoologisch-museologische Fragen (ein Drittel). Hinzu kamen 13 Arbeiten zu Protozoa-Studien, 6 Beiträge waren noch Gegenstand von biozönotisch-geographischen Problemen, 5 Schriften widmete er der zoologischen Systematik, und der Rest betraf Beschreibungen verschiedener Tierformen, seine wissenschaftsorganisatorische Tätigkeit sowie sein Alterswerk, die ästhetischen Studien der Tierwelt. Aus dieser noch regen geistigen Tätigkeit des greisen Gelehrten ragt die Bearbeitung der Pantopoden für die „Fauna Arctica“ (1901) und für die „Wissenschaftlichen Ergebnisse der deutschen Tiefsee-Expedition“ (1902) heraus.

Im August 1901 leitete Möbius den in Berlin tagenden internationalen Zoologenkongreß.

Schon 1860 war Möbius Mitglied der Deutschen Akademie der Naturforscher Leopoldina in Halle geworden. Im Jahre 1888 wählte man ihn zum Mitglied der Preußischen Akademie der Wissenschaften. Ein Jahr vor seinem Tode ehrte ihn seine Geburtsstadt Eilenburg, indem sie eine Straße nach ihm benannte, „Mit dieser Benennung soll unserm berühmten Landsmann, dem Zoologen Karl Möbius, der 1825 hier geboren wurde und als hochangesehener Gelehrter in Berlin lebt, eine Ehrung zugedacht werden“, heißt es in einer Zeitungsnotiz.[19]

Am 26. April 1908 vollendete sich das Leben von Karl August Möbius.

Nach einer sehr zutreffenden Feststellung des Biologiehistorikers Nordenskiöld (1926) schuf Möbius „durch sein großes Werk ‚Die Fauna der Kieler Bucht‘ (1865 und 1872) ... das Programm und die Methodik der modernen Ökologie“.[20] In der Tat zielte dieses Unternehmen nicht mehr nur auf die in der Meeresbiologie bis

---

18 Leps, G.: Carl August Möbius (1825 bis 1908), a. a. O., S. 336.
19 König, R,: Karl Möbius, eine kurze Biographie, a. a. O., S. 13.

dahin übliche bloße Ermittlung der marinen Arten. Schon 1862 sahen Möbius und H. A. Meyer vor, „außer diagnostischen und anatomischen Eigentümlichkeiten, hauptsächlich auch biologische[21] Beobachtungen mitzuteilen". Hierunter verstanden sie vor allem Informationen über die Beziehungen der Arten zueinander und zu ihren „äußeren Bedingungen". In derselben Arbeit stellten sie fest, daß die Untersuchungen „bereits interessante Blicke auf den Einfluß, welchen die Eigentümlichkeiten der Ostsee auf das tierische Leben ausüben", eröffnet hätten, so daß nun die Hoffnung bestünde, „einst auch Folgerungen zur Beleuchtung wichtiger allgemeiner Fragen der Zoologie ziehen zu können". Mindestens zwei Resultate erwartete Möbius: zum einen „könnten sie zu wichtigen allgemeinen Schlüssen über das Verhältnis der Nordsee zu den Ostseetieren führen" und zum anderen „wahrscheinlich auch interessante Beiträge zur Beantwortung der Frage über Ursprung und Veränderlichkeit der Species liefern".[22]

Vorerst blieb die Kieler Bucht das alleinige Forschungsterrain. Wie Möbius und H. A. Meyer im ersten Band ihrer „Fauna" feststellten, war das mit einer Reihe Vorteile verbunden. Verglichen mit dem „freien Ozean" erwies sich die Kieler Bucht „wie jeder eingeschränkte Teil der Ostsee" aufgrund der relativen Artenarmut geeigneter, um zu den „Verbreitungsgesetzen", welche die Tiergeographie „als ihr letztes Ziel" suche, vorzudringen. Es war „ein sehr geeignetes Gebiet, da sich die Lebensbedingungen der Tiere eines kleinen Busens leichter erforschen lassen, als die Einflüsse eines weiten Meeres". Hieraus schlossen sie, daß artenreichere Ge-

20 Nordenskiöld, E.: Die Geschichte der Biologie, ein Überblick. Jena 1926 (Neudruck 1967).

21 Der Begriff „biologisch" („Biologie") wurde im 19. Jahrhundert – gelegentlich noch heute – synonym zu „ökologisch" („Ökologie") gebraucht.

22 Möbius, K.: Über meine und Herrn H. A. Meyer's Untersuchungen der wirbellosen Tiere der Kieler Bucht. Mitteilungen der Verhandlungen nördliche Elbe 6 (1863) 6–11. Aus: Bericht über die 12. Versammlung des Vereins für Verbreitung naturwissenschaftlicher Kenntnisse, Kiel 1863).

genden keinen höheren Erkenntniswert besitzen als die spärlich bewohnten. Maßgebend war für Möbius und H. A. Meyer, „ausführliche Lokalfaunen, verbunden mit gründlicher Erforschung der physikalischen Verhältnisse ihres Gebietes" zu ermitteln, um „die wahren Ursachen der Abweichungen, mit welchen sich die Tiere einer Art in verschiedenen Gegenden ausbilden, klar" zu enthüllen. Dazu zählten sie das Sammeln von Kenntnissen über den „Lebenslauf" der Tiere, das heißt über ihr „Erscheinen, Wachsen, Wandern und Verschwinden", das Studium der geographischen Lage der Kieler Bucht, Untersuchungen über die Beschaffenheit des Bodens, den Salzgehalt und die Wärmeverhältnisse des Wassers. Außerdem sammelten sie Angaben über die Verteilung der Tiere, die vorherrschenden Pflanzen, die Regionen der Tiere sowie über künstliche Ansiedlungsstätten. Schließlich erstreckten sich die Untersuchungen auch auf Farben-, Form- und Größenunterschiede.[23]

Die „Fauna" leitete die Genese des Begriffs der Biozönose ein. Herausbildung und Entwicklung der Biozönose-Konzeption ist vom Programm der modernen Ökologie, das Möbius und H. A. Meyer initiierten und an dessen Vollendung noch heute gearbeitet wird, nicht zu trennen.

Auf den Fortgang der Ausarbeitung der Biozönose-Konzeption wirkten sich äußerst förderlich die Nord- und Ostsee-Expeditionen der Kommission zur Erforschung der deutschen Meere in den Jahren 1871 und 1872 sowie eine Expedition in die Tropen nach Mauritius und den Seychellen (1874–1875) aus. Sie lieferten reichlich Material zum Vergleichen.

Die theoretischen Fragestellungen, die anfangs nur von einem „persönlichen" Interesse motiviert waren, erwiesen sich in dem Zeitraum bis zur „Auster" in zunehmendem Maße für die Lösung praktischer, in erster Linie ökonomisch-ökologischer Probleme, bedeutsam. Im besonderen bahnten sie den Weg für Untersuchungen zur biologischen Produktivität der Meere.[24] Einer wissen-

---

23 Meyer, H. A., und Möbius, K.: Die Fauna ..., Band I, a. a. O.

schaftlichen Zielstellung, die sich der biologischen Produktivität zuwandte, konnte nicht verborgen bleiben, daß an der Abwandlung der Existenzbedingungen und der Produktivität von Meerestieren menschliche Lebens- und Produktionstätigkeit beteiligt ist. Möbius hielt man für besonders geeignet, den Ursachen nachzugehen. Weder in Frankreich noch in England fand Möbius eine rationelle Basis für eine künstliche Austernzucht vor, die sich auf die schleswigschen Austernbänke anwenden ließ. Er hielt deshalb eine „wissenschaftliche Begründung" der Fehlschläge für unentbehrlich, wenn man nicht fortwährend beim bloßen, oft recht kostspieligen „Probieren" verbleiben wolle.[25] Dieser Aufgabe widmete sich Möbius vor allem in seinem Werk „Die Auster und die Austernwirtschaft".

Am Beispiel der Austernbank entwickelte Möbius den für die weitere Forschung theoretisch und methodologisch fruchtbar ge-

24 Als Möbius' erste produktionsbiologische Studie gilt „Das Tierleben am Boden der deutschen Ost- und Nordsee. Berlin 1871". Möbius analysiert vor allem die indirekte Bedeutung der Bodenpflanzen für die Nutzfische. Mit dieser Schrift und dem Jahresbericht der „Kommission" für die Jahre 1872, 1873 (Kiel 1875; zusammen mit F. Heineke) zeichnete sich endgültig jene ökologische Forschungsrichtung der „Kommission" ab, welche nach Brandt auch noch nach 50 Jahren relevant geblieben war: die „Frage nach dem Stoffumsatz im Meere". Durch „Aufstellung" dieser Frage seien alle das Leben und Geschehen im Meere überhaupt betreffenden Tatsachen in einen inneren Zusammenhang gebracht worden. Vgl. a) Brandt, K.: Über Menge und Bedeutung der wichtigsten Pflanzennährstoffe im Meere, Festschrift der Preußischen Kommission zur wissenschaftlichen Untersuchung der deutschen Meere zu Kiel aus Anlaß ihres 50jährigen Bestehens. Kiel und Leipzig 1921; b) Brandt, K.: Die zoologischen Arbeiten der Kieler Kommission 1870–1920, ebd.

25 Möbius, K.: Über die Austern- und Miesmuschelzucht und die Hebung derselben an den norddeutschen Küsten (Bericht an Se. Exzellenz den Herrn Minister für die landwirtschaftlichen Angelegenheiten), Berlin 1870, S. 48.

wordenen ökologischen Grundbegriff der Biözonose:

> „Jede Austernbank ist gewissermaßen eine Gemeinde lebender Wesen, eine Auswahl von Arten und eine Summe von Individuen, welche gerade auf dieser Stelle alle Bedingungen für ihre Entstehung und Erhaltung finden, also den passenden Boden, hinreichende Nahrung, gehörigen Salzgehalt und erträgliche und entwicklungsgünstige Temperaturen.
> Jede daselbst wohnende Art ist durch die größte Zahl von Individuen vertreten, die sich den vorhandenen Umständen gemäß ausbilden konnten; denn bei allen Arten ist die Zahl der ausgereiften Individuen jeder Fortpflanzungsperiode kleiner als die Summe der erzeugten Keime war.
> Die Gesamtheit der herangewachsenen Individuen aller in einem Gebiet zusammenwohnenden Arten ist der übriggebliebene Rest aller Keime der vorhergegangenen Brutperioden. Dieser Rest der ausgereiften Keime ist ein gewisses Quantum Leben, welches in einer gewissen Summe von Individuen auftritt und welches, wie alles Leben, durch Fortpflanzung Dauer gewinnt. Die Wissenschaft besitzt noch kein Wort für eine solche Gemeinschaft von lebenden Wesen, für eine den durchschnittlichen äußeren Lebensverhältnissen entsprechende Auswahl und Zahl von Arten und Individuen, welche sich gegenseitig bedingen und durch Fortpflanzung in einem abgemessenen Gebiete dauernd erhalten. Ich nenne eine solche Gemeinschaft Biocoenosis oder Lebensgemeinde.
> Jede Veränderung irgendeines mitbedingenden Faktors einer Biocönose bewirkt Veränderungen anderer Faktoren derselben. Wenn irgendeine der äußern Lebensbedingungen längere Zeit von ihrem früheren Mittel abweicht, so gestaltet sich die ganze Biocönose um; sie wird aber auch anders, wenn die Zahl der Individuen einer zugehörigen Art durch Einwirkungen des Menschen sinkt oder steigt, oder wenn eine Art ganz ausscheidet oder eine neue Art in die Lebensgemeinde eintritt.“ [26]

Einige Autoren meinen, Möbius habe bloß die Zoozönose definiert.[27] Tatsächlich gab er seinem Biozönose-Begriff nicht eine solch enge Fassung. Den Ausdruck Tiergemeinde benutzte Möbi-

---

26 Möbius, K.: Die Auster und die Austernwirtschaft. Berlin 1877, S.75–77.

us nur einmal 1876 in seinem Aufsatz über „Die äußeren Lebensverhältnisse der Seetiere“. Ein Jahr nach seiner „Auster“ stellte er fest: „Wir sind noch entsetzlich unwissend im Betreff der Verhältnisse, in welchen die physikalischen Eigenschaften eines Wohngebietes zu den daselbst zusammenlebenden Pflanzen und Tieren stehen, wie auch in Rücksicht der Einwirkungen, welche alle zu gleicher Zeit dort existierenden Pflanzen und Tiere aufeinander ausüben. Von den äußern und innern Gesamtgetriebe der Lebensgemeinden oder Biozönosen der verschiedenen Wasser- und Landgebiete ist uns noch wenig bekannt.“[28] „Seepflanzen, welche beim Fischen von Tieren gefunden werden, würde ich trocknen oder in Spiritus aufbewahren, schon der Beziehungen halber, die sie zu der Tierwelt haben“, schrieb Möbius an den Zoologen Peters.[29] B. Stugren unterstellt Möbius, er habe versäumt mitzuteilen, „ob die Nahrungsobjekte der Austern zu der Austernbank-Biozönose gehören oder nicht“.[30] Hingegen betont Möbius in der „Auster“: „Raum und Nahrung gehören zu den ersten Grundlagen jeder Lebensgemeinde.“[31] Daß er diese Grundlagen nicht nur äußerlich auffaßt, zeigt die folgende Passage: „Da ... für die Ausreifung aller im Übermaß erzeugten Keime weder Platz noch Nahrung genug vorhanden ist, so sinkt die Gesamtzahl der Individuen der Lebens-

---

27 Balogh, J.: Lebensgemeinschaften der Landtiere, Budapest und Berlin 1958. Der von Möbius inaugurierte Begriff der Biozönose wurde zunächst vorwiegend von Zoologen (F. Dahl, R. Hesse, F. Doflein, L. Plate, P. Schiemenz, A.Thienemann u. a.) benutzt. Vereinzelt folgten nach der Jahrhundertwende Botaniker, zum Beispiel Kolkwitz und M. Marsson. H. Gams schlug 1918 vor, ihn auch generell für „Vegetationseinheiten“ zu verwenden. Darüber hinaus regte er eine weitere Unterteilung in „Zoozönose“ und „Phytozönose“ an. Vgl. Gams, H.: Prinzipienfragen der Vegetationsforschung. Vierteljahresschrift der Naturforschenden Gesellschaft in Zürich 63 (1918).

28 Möbius, K.: Die Bewegung der fliegenden Fische durch die Luft. Zeitschrift für wissenschaftliche Zoologie 30 (1878).

29 Schriftgut-Slg., Bestand Zoo. Museum Berlin. Abt. II.

30 Stugren, B.: Grundlagen der allgemeinen Ökologie. Jena 1972, S.114.

31 Möbius, K.: Die Auster..., a. a. O.,S.77.

gemeinde bald wieder auf ihr früheres Maß zurück. Das Übermaß, welches die Natur durch Steigerung einer der biocönotischen Kräfte erzeugte, wird also durch das Zusammenwirken aller biocönotischen Kräfte wieder vernichtet."[32] Für den französischen Ökologen R. Dajoz besteht kein Zweifel daran, daß schon Möbius eine einheitliche logische Position vertrat, die die Gesamtheit der Tiere und Pflanzen, die auf einer Austernbank zusammentreffen, eingeschlossen die mikroskopischen und makroskopischen Formen, berücksichtigte.[33] Natürlich kann man von dem singulären Beispiel „Austernbank" nicht alle allgemeinen Kriterien erwarten, die sich aus der Gesamtheit aquatischer und terrestrischer Biozönosen ermitteln lassen. Die erste Forderung, die an jede Definition gestellt werden muß, ist die, objektiv zu sein, d. h. den Gegenstand direkt widerzuspiegeln, ihn aus seiner Entwicklung zu bestimmen. „Die einzig reelle Definition ist die Entwicklung der Sache selbst, diese ist aber keine Definition mehr", heißt es bei F. Engels.[34] Möbius hat das eine wie das andere geleistet. Völlig verfehlt ist es, einzelne Textstellen aus der „Auster" als endgültige Definition herauszulösen. Beispielsweise folgt erst drei Seiten nach den einleitenden Bestimmungen der Hinweis auf das „biocönotische Gleichgewicht":

> „Alle lebendigen Glieder einer Lebensgemeinde halten mit ihrer Organisation den physikalischen Verhältnissen ihrer Biocönose das Gleichgewicht, denn sie erhalten sich und pflanzen sich fort gegenüber allen Einwirkungen äußerer Reize und gegenüber allen Angriffen auf das Fortbestehen ihrer Individualität. Obgleich jede Art anders organisiert ist, in jeder also andere Kräfte zur Bildung und Erhaltung der Individuen zusammenwirken; obgleich daher jede Art ihr eigenes organisches Äquivalent hat, so besitzen doch alle dieselbe Sättigungskraft für die Gesamtheit der äußeren Lebensbedingungen ihrer Biocönose. Alle Arten müssen daher eine Abweichung der Lebensbedingungen von dem gewöhnlichen Maße mit entsprechenden Wirkungen ihrer Kräfte beantworten; daher steigern alle zugleich

---

32 Möbius, K.: Die Auster ..., a. a. O., S. 81.

33 Dajoz, R: A. a. O. (Russisch), S.257.

34 Engels, F.: Herrn Eugen Dührings Umwälzung der Wissenschaft (Anti-Dühring) MEW, Band 20, S. 578.

ihre Lebenstätigkeiten oder mindern sie zugleich ... Immer tritt bald wieder das biocönotische Gleichgewicht ein."[35]

Kölmel gelangte zu dem Schluß, Möbius sei nie über die „Auster" hinausgekommen, seine Begriffe hätten einen unexakten Sinn und widersetzten sich deshalb geradezu einer Kausalanalyse. „Mit den Grundlagen seines Denkens ordnet Möbius sich ein in die positivistische Geistesströmung seiner Zeit, die eine weitgehend materialistische, aber undialektische Erforschung der Naturgegenstände verbinden mit einem expliziten Glauben an die Einheit der Natur."[36]

Eine systemtheoretisch-philosophische Analyse zeigt jedoch, daß Möbius seinen fachwissenschaftlichen Begriffen im Rahmen der historisch vorhandenen Möglichkeiten durchaus einen Sinngehalt gab, der dem Gegenstand seiner Untersuchungen und theoretischen Verallgemeinerungen, der Biozönose, adäquat war. Das sind erstens solche Begriffe, die die innere Struktur des Systems (der Ganzheit) Biozönose kennzeichnen; „Auswahl von Arten" = bestimmte Menge von Elementen (Teilen); „zusammenwohnende Arten" = Verbindung zwischen den Elementen (Teilen); „Organisation aller lebendigen Glieder" oder „das Zusammenwirken der Kräfte zur Bildung und Erhaltung der Individuen" = Einheit von Struktur (Beziehungen zwischen den Elementen/Teilen) und Funktion (Kräfte).

Eine zweite Gruppe von Begriffen charakterisiert bestimmte Eigenschaften des Systems Biozönose: „Erhaltungsmäßigkeit" oder „Dauer" = Stabilität des Systems; „biozönotisches Gleichgewicht" = dynamisches Gleichgewicht (Fließgleichgewicht); „obgleich jede Art anders organisiert ist", „ihr eigenes organisches Äquivalent hat" = Differenzierung; „so besitzen doch alle dieselbe Sättigungskraft für die Gesamtheit der äußeren Lebensbedingungen" = Integration; „Raum" als Grundlage jeder Biozönose, „Austernbänke bilden sich nur auf festem, schlickfreiem Grunde" = Isolation und Ganzheitlichkeit; alle Arten beantworten

35 Möbius, K: Die Auster ..., a. a. O., S. 81.
36 Kölmel, R., in: König et al. (s. Anm. 10), S. 28.

eine Abweichung „mit entsprechenden Wirkungen ihrer Kräfte" = Rückkopplung.

Drittens definiert Möbius Merkmale, die das Verhalten des Systems Biozönose ausdrücken: „Jedes biozönotische Gebiet hat in jeder Generationsperiode das höchste Maß von Leben, welches es zu bilden und zu erhalten im Stande ist“ = Systemzustand; „physiologische Tätigkeiten“ der Arten = Funktionieren; „äußere Lebensverhältnisse“ = Umgebung des Systems.

Schließlich ist Möbius' Systemverständnis keineswegs undialektisch. Es ist vielmehr mit einer sehr bewußten Vorstellung von Ordnung (Organisation) und Gesetzmäßigkeit verbunden. Bereits im Vorwort zur „Auster“ legt er die Absicht dar, jene Irrtümer zu beseitigen, wonach „sich große Summen von Austern mit wenig Mühe“ unter Mißachtung „der allgemein herrschenden biologischen Gesetze“ erzielen lassen sollen. An anderer Stelle der „Auster“ spricht Möbius von „den biocönotischen Gesetzen, nach denen sich eine erhaltungsmäßige Feld- und Waldwirtschaft zu richten“ habe und, daß „Ausnahmen von den notwendigen Wirkungen der Naturgesetze“ nur durch Wunder erfüllt werden können.[37] Unter ausdrücklicher Bezugnahme auf das theoretische Hauptkapitel der „Auster“ schreibt Möbius: „... wenn man sich nicht durch die traurigen Erfahrungen der europäischen Austernwirtschaft zur rechten Zeit warnen läßt, so wird auch dort nach den biocönotischen Gesetzen, welche in dem zehnten Kapitel dargestellt sind, eine Verarmung der Austernbänke eintreten müssen.“[38] Diese biozönotischen Gesetzmäßigkeiten hat Möbius implizit beschrieben bzw. umschrieben. Das Liebig-Mitscherliche Wirkungsgesetz der Wachstumsfaktoren oder Thienemannsches Wirkungsgesetz der Umweltfaktoren[39] besagt autökologisch gesehen, daß die Entfaltung einer Art im Biotop durch den am weitesten von den Bedürfnissen abweichenden Umweltfaktor (Minimumfaktor) be-

---

37 Möbius, K.: Die Auster ..., a. a. O., S. IV, 85–86.

38 Möbius, K: Die Auster ..., a. a. O., S. 116.

39 Analoge Fassungen in der ökologischen Literatur: Toleranzgesetz von Shelford, Relativitätsgesetz von Lundegardh.

stimmt wird. Synökologisch betrachtet, wird die Zusammensetzung einer Biozönose durch denjenigen Umweltfaktor bestimmt, der sich am meisten dem Pessimum nähert. Beide Erscheinungen finden wir bei Möbius schon ziemlich klar ausgeführt. Vorbereitet ist bei Möbius auch der Gesetzmäßigkeit widerspiegelnde Ausdruck „ökologische Valenz“, der 1924 von R. Hesse für die Bezeichnung der Weite des Spielraumes (Amplitude) der Lebensbedingungen, „innerhalb deren eine Art gedeihen vermag“, eingeführt worden ist. Die Umgestaltung der Biozönosen erkannte bereits Möbius als gesetzmäßige Folge des „Kampfes ums Dasein“: dem „biozönotischen Gleichgewicht“ billigte er deshalb nur einen relativen Ausgleich der Kräfte zu. Evolution und Gleichgewicht bedingten einander im Verständnis von Möbius. Er wies nach, daß jene Faktoren, die den Evolutionsprozeß der Arten bestimmen, auch die Bildung, Umgestaltung und Entwicklung von Biozönosen bedingen, d. h., daß die Richtung der natürlichen Selektion ihren Ausdruck in der Richtung der ökologischen Sukzession findet. Diese Darwinistische Auffassung ist später von nur wenigen Autoren hervorgehoben worden.[40] Kölmel folgert anhand einer Tagebuchnotiz, in der Möbius den Ausdruck „Kampf ums Dasein“ ablehnt, „die sehr bestimmte und direkte Ablehnung der Selektionstheorie“ durch Möbius.[41] Das Gegenteil ist der Fall. Möbius' evolutionstheoretisch-ökologische Auffassung schloß weder die Selektion noch andere mögliche Evolutionsfaktoren aus.

Bereits 1860 fertigte Möbius Exzerpte aus Charles Darwins Hauptwerk „On the origin of species by means of natural selection“ (1859) an.[42] Solche von Möbius und H. A. Meyer seit 1862 im Zusammenhang mit der Erforschung der Lebensbedingungen der Tiere der Kieler Bucht verwendete Begriffe wie „Ursprung und

---

40 B. Stugren (1972) nennt Gr. Antipa (1933), V. Bukowski (1935), M. S. Giljarow (1959).

41 Kölmel, R.: A. a. O., S. 32.

42 Jahn, I.: The concepts of Ecology and Evolution in the lectures on Darwinism by Karl August Möbius (1825–1908), in: Novak, V. J. A., und J. Mlikovcky (eds.): Evolution and Enviroment. Prag 1982, S. 517.

Veränderlichkeit der Species“ und „Verbreitungsgesetze“ weisen eindeutig darauf hin, daß Darwins Lehre von Anfang an auch Möbius' wissenschaftliche Arbeit beeinflußte. Datiert mit März 1868 – in diesem Jahr begann Möbius in Kiel zu lehren – liegen Notizen vor, in denen Möbius eigene evolutionstheoretische Überlegungen anstellte.[43] Besonders instruktiv für den Nachweis, daß sich in Möbius' Forschungen Ökologie und Evolutionstheorie in zunehmendem Maße wechselseitig befruchteten, sind dessen Vorlesungsmanuskripte. I. Jahn (1982) fand im Nachlaß Vorlesungen über „Deszendenzlehre“, „Vererbung“, das „Artkonzept“ und über das „Problem der Zweckmäßigkeit in der Natur“, also evolutionstheoretische Themen, die Möbius seinerseits Vorlesungen über „Biologie der Tiere“ oder über „äußere Lebensbedingungen der Tiere und ihre Lebensweise“ zuordnete. Zustimmend äußerte sich Möbius auch über den Evolutionsfaktor „Selektion“. So bemerkte er Anfang 1871 im Hinblick auf die Evolutionshypothesen: „Darwin derived the different organisms as products from two factors: one is natural selection, the other is variation as a fundamental attribute of life. But Darwin presumed variation to be inherent to organism, because he neither intended to speak about the origin of life itself, nor about the origin of the fundamental attributes of living beings. Before natural selection – which is the scientifically defined factor – is able to create something new, the second factor – which is an undetermined x for Darwin – has to change. This change which Darwin called an accidental variation, whose cause is unknown, lies within the organism, and Darwin believes it to be an immanent law of transformation.“

Möbius finally conluded: „After Darwin has irrefutably clarified and demonstrated that natural selection is the one evolutionary factor, we must now endeavour to investigate the second factor ... Darwin himself has shown us the direction for further research.“[44] Den engsten Konnex zwischen Ökologie und Evolutionstheorie er-

---

43 Jahn, I.: A. a. O., S. 517.

44 Jahn, I.: A. a. O., S. 517 f.; soweit zitiert wird, ist der Wortlaut mit der englischsprachigen Publikation von I. Jahn identisch.

reichte Möbius, als er aufgrund der Austernbankstudien das klassische Modell für Biozönosen schuf.

Erstens ging Darwin von der Tatsache aus, daß die Organismen mehr Nachkommen hervorbringen als zur Fortpflanzung gelangen können (= Phänomen Überproduktion). Nach Möbius sind die Arten einer Biozönose jeweils „durch die größte Zahl von Individuen vertreten, die sich den vorhandenen Umständen gemäß ausbilden konnten; denn bei allen Arten ist die Zahl der ausgereiften Individuen jeder Fortpflanzungsperiode kleiner, als die Summe der erzeugten Keime war“.[45] Zweitens konstatierte Darwin, daß die Anzahl der Individuen einer Art unter gleichbleibenden Umweltbedingungen mehr oder minder konstant bleibt. Für Möbius ist die Biozönose „eine den durchschnittlichen äußeren Lebensverhältnissen entsprechende Auswahl und Zahl von Arten und Individuen, welche sich gegenseitig bedingen und durch Fortpflanzung in einem abgemessenen Gebiete dauernd erhalten“.[46]

„Obgleich ... jede Art ihr eigenes organisches Äquivalent hat, so besitzen doch alle dieselbe Sättigungskraft für die Gesamtheit der äußeren Lebensbedingungen ihrer Biozönose.“[47] In der Vorlesung über „Vergleichende Biozönologie“, die Möbius 1878 hielt, vertiefte er seine Vorstellungen über die Rolle der Umweltbedingungen in der Evolution, indem er vor allem die abiotischen Faktoren differenzierter faßt und, wie er ausdrücklich hervorhebt, seine darwinistische Auffassung von Lamarcks Phantasie abgrenzt.[48] Drittens erkannte Darwin, daß es deshalb eine hohe Sterblichkeitsrate geben muß. Möbius schreibt: „Da ... für die Ausreifung aller im Übermaß erzeugten Keime weder Platz noch Nahrung genug vorhanden ist, so sinkt die Gesamtzahl der Individuen der Lebensgemeinde bald wieder auf ihr früheres Maß zurück. Das Übermaß, welches die Natur durch Steigerung einer der biozönotischen Kräfte erzeugte, wird also durch das Zusammenwirken aller biocönoti-

---

45 Möbius, K.: Die Auster ..., a. a. O., S. 76.

46 Möbius, K.: Die Auster ..., a. a. O., S. 76.

47 Ebenda, S. 81.

48 Jahn, I.: A. a. O., S. 518.

schen Kräfte wieder vernichtet“[49] (= Phänomen „Kampf ums Dasein“). Auch dieses Phänomen blieb in den folgenden Jahren Gegenstand seiner Vorlesungen. So hielt Möbius in seinem Vorlesungsmanuskript zur „Abstammungslehre“ 1886 fest: „Struggle for life is a term, which refers to the dependence of organic individuals on their biocenosis.“[50] Viertens stellte Darwin fest, daß die Individuen einer Art nicht alle gleich sind, sondern vielmehr Variationen ihrer Merkmale aufweisen (= Phänomen Variation). Auf diesen Sachverhalt bezieht Möbius sich erst wieder in der Arbeit über den Artbegriff von 1886. „Wenn innerhalb der Verbreitungsgrenzen einer Species durch innere Ursachen oder unter dem Einfluß verschiedener natürlicher Biozönosen oder durch Zucht“, äußert er dort, „d. h. durch künstliche Umgestaltung der Lebensbedingungen gut unterscheidbare Abstufungen entstehen, welche durch Vererbung auf Nachkommen übergehen, so hat man Grund, Begriffe von Varietäten und Rassen aufzustellen, welche den Artbegriffen untergeordnet sind. Die Varietäten oder Rassen einer und derselben Species sind im nächsten Grade untereinander verwandt. Verschiedengeschlechtliche Individuen verschiedener Varietäten oder Rassen einer Species sind fruchtbar kreuzungsfähig. Erlischt diese Fähigkeit, so hat sich die Varietät in ihrer natürlichen Biozönose, die Rasse unter der Einwirkung des Menschen in eine Speciesform umgewandelt.“ Das Variieren „ist das Hauptwerkzeug, mit dem ... die Abstammungslehre Darwins ... arbeitet“.[51] Die Biozönose stellt eine lebendige, widersprüchliche Einheit dar, die die zu ihrer Existenz notwendigen Glieder (Individuen und Arten) aus sich selbst hervorbringt, sich damit selbst schaffend und erhaltend. Möbius charakterisiert die Biozönose einmal als Arena der evolvierenden Arten, zum anderen als System im Fließgleichgewicht. Biozönosen sind bereits im Verständnis von Möbius gesetzmäßiges Entwicklungsprodukt. Eine Ganzheitsgläubigkeit, die Kölmel

49 Möbius, K: A. a. O., S .81.
50 Jahn, I.: A.a.O., S. 518.
51 Möbius, K.: Die Bildung, Geltung und Beziehung der Artbegriffe und ihr Verhältnis zur Abstammungslehre. Jena 1886, S. 17/18 und 31.

bei Möbius sieht, können wir nicht erkennen. Kölmel verwechselt offensichtlich den Stabilitätsanspruch von Möbius (Erhaltungsmäßigkeit; biozönotisches Gleichgewicht) mit Vollkommenheitsanspruch. Letzterer bedeutet aber völliger Stillstand, das Ende der Entwicklung und der Bewegung, der Tod. Eine solche Auffassung kann jedoch Möbius nicht angelastet werden. Sein Schüler F. Dahl hat 1921 in einer „dem Begründer der biocönotischen Forschung Karl August Möbius in dankbarer Erinnerung gewidmeten Arbeit" das wahre Wesen der Biozönose sehr gut herausgearbeitet, wenn er schreibt: „Da die sämtlichen Tiere und Pflanzen der Biocoenose, d. i. die sämtlichen Bewohner eines Biotops mit einander in Wechselbeziehung stehen, darf keins fehlen, ohne daß der von Möbius schon angedeutete Gleichgewichtszustand gestört würde, und es läßt sich leicht zeigen, daß sich ein solcher Gleichgewichtszustand selbsttätig, d. i. durch Selbstregulierung dauernd erhalten muß."[52] Auch Thienemann schloß aus seinen Möbius-Studien, die Selbstregulation sei „ebenso eine Grundeigenschaft der Lebensgemeinschaft, wie des Einzelorganismus".[53] In der „Auster" schreibt Möbius, die „lebenden Naturprodukte" seien „Vereinigungen von tätigen Stoffen und Kräften, welche durch sich selbst in einer fortwährenden Erneuerung begriffen sind". Will „der Mensch von ihnen den größtmöglichen Nutzen ziehen", so müsse er dafür „Sorge tragen, daß ihr Erneuerungsvermögen nicht geschwächt werde".[54]

Du Bois-Reymond hat 1888 Möbius' Beitrag zum Lebensproblem als „Ausdruck ... streng wissenschaftlicher Auffassung" gewürdigt und besonders die Einführung des Begriffes „erhaltungsmäßig" anstelle des „in der Biologie soviel Verwirrung stiftenden Wortes ‚Zweckmäßigkeit' " hervorgehoben.[55] Hierzu hatte Möbius 1878 ausgeführt: Dieses Ausdrucks sollten sich die Naturfor-

52 Dahl, F.: Grundlagen einer ökologischen Tiergeographie. Jena 1921.

53 Thienemann, A.: Lebensgemeinschaft und Lebensraum. Unterrichtsblätter für Mathematik und Naturwissenschaft 41 (1935).

54 Möbius, K.: Die Auster ..., a. a. O., S. 107.

55 Du Bois-Reymond, E.: Antwort an Möbius. Sitzungsberichte der Preußischen Akademie der Wissenschaften Berlin, 1888.

scher in ihren wissenschaftlichen Beschreibungen und Erklärungen niemals bedienen, weil sie durch keine einzige ihrer Untersuchungen in Erfahrung bringen könnten, daß „die Natur wirklich nach Zweckgedanken eingerichtet sei, auch dann nicht, wenn ihr Gemüt mit der festesten Zuversicht glauben sollte". Abschließend urteilt Möbius: „Wer sich bei der wissenschaftlichen Erforschung der Erhaltungsmäßigkeit der Natur nicht beruhigen mag, der kann sich dem Glauben hingeben, daß die erhaltungsmäßigen Einrichtungen ihrer Teile Ausführungen eines vollkommen zweckmäßigen Schöpfungsplanes seien, und er mag in diesem Glauben die gesuchte Befriedigung finden; eine wissenschaftlich sichere Lösung des Problems hat er durch diesen Glauben jedoch nicht gewonnen. Wie die Erhaltungsmäßigkeit der Welt ein Gegenstand der Wissenschaft ist, so wird die Zweckmäßigkeit derselben immer eine Annahme des Glaubens bleiben."[56] In der „Auster" forderte Möbius, bei Beobachtungen und Untersuchungen das Wirken der Natur so kennenzulernen, „wie es wirklich geschieht".[57] An dieser naturwissenschaftlich-weltanschaulichen Grundhaltung maß Möbius auch die methodologischen Forschungsmaximen, die er bei Goethe fand und seine biozönotischen Arbeiten beeinflußten. Zum einen war es der in die Goethesche Naturphilosophie eingebaute Heraklitische Gedanke von der „Dauer im Wechsel"[58], zum anderen das Faust-Zitat „Wie alles sich zum Ganzen webt, eins in dem anderen wirkt und lebt". Möbius hat mit seiner „Auster" auch die klassische Einführung in methodologische Fragen der Diagnostik von Biozönosen auf der Grundlage der biologischen Evolutionstheorie von Darwin geschaffen.

Er beschränkt sich hierbei nicht auf die Kausalanalyse, denn eine Reduktion auf die bloße Kausalität hätte ihm die Sicht auf die

---

56 Möbius, K.: Die Bewegung der fliegenden Fische durch die Luft. Leipzig 1878.

57 Möbius, K.: Die Auster ..., a. a. O., S 57.

58 Goethe, Berliner Ausgabe, Band 1. Berlin, Weimar, 3. Aufl. 1976, S. 83 bzw. 539.

Selbstbewegung der Biozönose versperrt. In die Diagnostik hat Möbius das anorganische Korrelat der Biozönose, den Biotop, einbezogen. Schon Möbius hatte erkannt, daß die „lebendigen Glieder einer Lebensgemeinde ... mit ihrer Organisation" in Beziehungen zu den „physikalischen Verhältnissen" stehen. Anstelle des Ausdrucks Biotop, den sein Schüler F. Dahl erst 1908 in die Ökologie einführte, verwandte Möbius auch die Bezeichnung „biozönotisches Gebiet".[59] Besonders ausführlich beschäftigt sich Möbius mit der gesetzmäßigen Beziehung zwischen Biozönose und Biotop im Kapitel 8 der „Auster", in welchem er versucht, die Frage zu beantworten, ob sich natürliche Austernbänke vergrößern lassen bzw. neue künstlich anlegen lassen. Allerdings betrachtet Möbius fast ausschließlich nur die Wirkungen, die vom Biotop auf die Biozönose ausgehen. Auf diese Schwäche im Begriff der Biozönose von. Möbius hat als erster Thienemann 1918 in einer theoretischen Arbeit, die sein Konzept der allgemeinen Ökologie begründete, aufmerksam gemacht. Im 20. Jahrhundert hat diese Problemstellung in der Ökosystemkonzeption ihre Lösung gefunden.

Möbius betrachtete, wie wir bereits in den bisherigen Darlegungen feststellten, die wissenschaftlichen Verallgemeinerungen, die er im Hinblick auf die Förderung der Seefischerei im besonderen und bezüglich der Meeresbiologie im allgemeinen anstrebte, stets als Grundlage für die angewandte Forschung. „Neben ihrer rein wissenschaftlichen Bedeutung hat die Fauna unserer Meere aber noch einen hohen volkswirtschaftlichen Wert", erläutert Möbius vor der Versammlung der deutschen Naturforscher und Ärzte am 20. September 1876. „Das beste Mittel, den Fischern eine größere Sicherheit" im Auffinden der nutzbaren Seetiere zu geben und sie zu einer zweckmäßigen Schonung ihrer Fischereigebiete hinzuführen", sei daher „die Erforschung der Lebenstätigkeiten und der

---

59 Möbius, K.: Die Auster ..., a. a. O., S. 80.
Dahl, F.: Grundsätze und Grundbegriffe der biozönotischen Forschung. Zoologischer Anzeiger 33, 11 (1908).
Die etymologische Wurzel von „Biotop" ist griechisch: bios = Leben; topos = Gegend. Raum.

äußeren Lebensverhältnisse" dieser Seetiere. „Physik und Soziologie der Meere" würden „der Schiffahrt und Fischerei" im 19. Jahrhundert ihre Gebiete erhellen. Möbius schloß seinen Vortrag mit den Worten: „Je besser wir das Meer und seine Erzeugnisse kennen, desto sicherer können wir sie beherrschen und desto lohnender verwerten."[60] Diesen Gedankengang entwickelte Möbius anhand der Geschichte der Austernbänke. Kategorisch stellte er sodann in der „Auster" fest, daß an der Verarmung der Austernbankbiozönosen „in den letzten Jahrzehnten die Natur keine Schuld" trägt, denn weder seien „die äußeren Lebensverhältnisse der Austern schlechter geworden", noch hätte „die Keimfruchtbarkeit der einzelnen Tiere abgenommen. Nichts anderes als schonungslose Befischung" habe „die Austernbänke entvölkert".[61] Keineswegs schloß nun Möbius hieraus, die „Austernbänke auf längere Zeit gar nicht zu befischen". Die Folge wäre das bald eintretende „natürliche biocönotische Gleichgewicht, zu welchem auch ein gewisses Durchschnittsmaß von Keimfruchtbarkeit" gehöre. „Dieses wird aber", fährt Möbius fort, „bei einem gleichen Zufluß von Nahrungsstoffen etwas heruntersinken, wenn auf derselben Bodenfläche mehr überjährige, als vollkräftige Austern liegen. Man nutzt also die volle Keimbildungskraft eines Austerngebietes weniger aus, wenn man es gänzlich unberührt läßt, als wenn man es erhaltungsmäßig befischt, und außerdem verliert man auch noch die Ernten von Speiseaustern, die es liefern könnte."[62] Ausgehend von diesen ökonomischen Überlegungen sah Möbius folgende Möglichkeiten der Ertragssteigerung:

– „Eine Austernbank liefert auf die Dauer den meisten Nutzen, wenn sie stets einen erhaltungsmäßigen Stock vollwüchsiger Austern behält, der ihren biocönotischen Verhältnissen entspricht."

---

60 Möbius, K.: Die äußeren Lebensverhältnisse der Seetiere. Abdruck eines Vortrages in der zweiten allgemeinen Versammlung der deutschen Naturforscher und Ärzte zu Hamburg, 1877.

61 Möbius, K.: Die Auster ..., a. a. O., S. 89.

62 Ebd., S. 123.

- „Wo es Naturverhältnisse gestatten, kann die Ertragsfähigkeit einer Austernbank erhöht werden durch Verbesserung und Vergrößerung des Ansatzgrundes für die Austernschwärmlinge."
- „Wo es die Umstände gestatten, zerstöre man alle in die Austernnetze geratenen Tiere, welche Austern vertilgen oder ihnen Nahrung wegnehmen." [63]

Bedeutung und Notwendigkeit angewandter Forschung hatte Möbius besonders seit seinen Reisen an die englische und französische Küste im Jahre 1869 erkannt, wo die ersten Versuche künstlicher Austernzucht unternommen worden waren.

Direkte Folge der schonungslosen Befischung der Austernbänke war ihre Entvölkerung, nichtsdestotrotz stieg „der Bedarf an Austern von Jahr zu Jahr". „Er nahm fast in gleichem Maße zu", registrierte Möbius, „wie die Ausdehnung der Eisenbahnnetze in Frankreich, England und Deutschland". Raubfang und schnelle Steigerung der Preise bedingten sich außerdem.[64] Das „jährliche Maß" der Befischung sollte deshalb „nicht nach den Ansprüchen der Konsumenten und nach der Höhe der Austernpreise bestimmt werden, sondern einzig und allein nach der Menge des Zuwachses. Die „Erhaltung der Austernbänke" gehöre aus diesem Grunde „ebenso zu den Aufgaben des Staates wie die Erhaltung der Waldungen".[65] Die eigentlichen Schwierigkeiten indes lagen in der kapitalistischen Produktionsweise begründet; denn „die einzelnen, Produktion und Austausch beherrschenden Kapitalisten können sich nur um den unmittelbarsten Nutzeffekt ihrer Handlungen kümmern", schreibt Engels etwa zur gleichen Zeit in „Anteil der Arbeit an der Menschwerdung des Affen". Engels sah aber auch, daß der Kapitalismus die Wissenschaft in den Dienst des Kapitals zwang, den Produktionsprozeß zur Anwendungssphäre der Wissenschaft werden ließ. „Hat es aber schon die Arbeit von Jahrtausenden erfordert, bis wir einigermaßen lernten, die entfernten na-

63 Ebd., S. 124.
64 Ebd., S. 91.
65 Ebd., S. 125.

türlichen Wirkungen unserer auf die Produktion gerichteten Handlungen zu berechnen, so war dies noch weit schwieriger in bezug auf die entfernteren gesellschaftlichen Wirkungen dieser Handlungen", führt Engels weiter aus.[66]

Möbius ahnte diese widersprüchlichen Beziehungen zwischen der von ihm angestrebten angewandten Wissenschaft als Faktor des Produktionsprozesses und seinen sich zwangsläufig verstärkenden gesellschaftlichen Charakter.

Im Laufe der Entwicklung der menschlichen Zivilisation wurde weder ein Meerestier gezüchtet noch eine einzige Wassernutzpflanze kultiviert. Gegenüber den Meerestieren und -pflanzen verhielt sich der Mensch bis in die neueste Zeit wie die Jäger und Sammler der Urgemeinschaft. Die Kultivierung von Austern war vermutlich der erste Versuch, auch im Meere eine Art Viehwirtschaft zu organisieren. Genau diese Problemstellung bewog den Fischereiverein für Schleswig-Holstein Möbius zu bitten, über die Frage „Kann der Mensch die nutzbaren Seetiere vermehren?" in der Generalversammlung des Vereins am 1. März 1883 zu sprechen. Möbius nahm an, „um die Wahrheit verbreiten zu helfen, daß die Erhaltung und Vermehrung der Tierwelt des Meeres denselben allgemeinen Gesetzen unterworfen ist wie die der Tierwelt des Landes und der süßen Gewässer". Ebenso wie ein Karpfenteich „nicht ein bloß von Karpfen bewohntes Wasser ist, sondern eine Gemeinschaft verschiedener Pflanzen und Tiere, welche in diesem Wasser neben einander alle Bedingungen ihres Gedeihens finden, ... so ist auch jedes Küstengebiet unserer Ost- und Nordsee eine Gemeinschaft lebender Wesen, welche sich gegenseitig in verschiedenen Graden bedingen". „In das natürliche Zusammenwirken aller dieser Glieder der Lebensgemeinde in unseren Meeresgebieten greift die Fischerei offenbar störend ein", schreibt Möbius. Und er schließt: „wollen wir andauernd mehr nutzbare Seefische aus unsern Küstengebieten ernten, als unter den natürlichen Lebensverhältnissen sich ausbilden können, so müssen wir ihre Eier und Jungen nach denselben Gesetzen gegen Zerstörungen

---

66 Engels, F.: Dialektik der Natur. MEW, Band 20.

schützen, nach welchen die künstliche Austern- und Süßwasserfischzucht verfährt."

Möglichkeiten der Reproduktion und Zucht von Seetieren sah Möbius in nachstehender Weise: Erstens schlug er vor, nach Kenntnis der Lebensbedingungen und des Verhaltens der Tiere analog zur Austernzucht, Fangschonzeiten sowie kleine Fische schonende Fangmethoden einzuführen. Zweitens empfahl Möbius beispielsweise Goldbuttzuchtanstalten zur Besetzung der Ostseebuchten. „Wir könnten vielleicht für Goldbutt an passenden Küstenplätzen Bassins einrichten, in denen künstlich befruchtete Eier gegen Feinde geschützt, in viel größeren Quantitäten zur Entwicklung kommen würden, als im offenen Meere", erläuterte Möbius den Plan. Drittens regte er an, die „Süß- und Brackwasserweide- und -laichplätze" der Wanderfische „umzugestalten aber ihnen die Zugänge dahin abzuschließen".[67] Möbius erwies sich also auch als Pionier der planmäßigen Meeresbewirtschaftung. Was ihn besonders heraushebt, ist seine Einsicht in Zusammenhänge, die heute höchst aktuell sind und intensiv diskutiert werden: die Einheit von ökologischen, ökonomischen und technischen Lösungen bei der Befriedigung der Ernährungsbedürfnisse im Interesse des Menschen. Die praktische Fruchtbarkeit der Biozönose-Konzeption hat Möbius insofern selbst eindrucksvoll belegt. Zahlreiche Anregungen für die Untersuchung und die Nutzung des Fischreichtums setzen hier an. Hensens Planktonforschung, die ein Beitrag zur Berechnung der Fischnahrung darstellte, fußte auf dieser Konzeption. Sie wurde nach Sernow der Beginn einer neuen Epoche in der Erforschung des Meeres und der Binnengewässer.[68] Möbius hatte erkannt, daß Veränderungen der Fischfauna in einer dem Menschen wünschenswerten Richtung die Untersuchung der Produktivität der Gewässer voraussetzt. Die Produktionsgesetze der natürlichen Biozönosen sollten in ihrem Verständnis derart ausgenutzt wer-

67 Möbius, K.: Können wir dazu beitragen den Bestand unserer nutzbaren Seetiere zu vermindern, zu erhalten oder zu vermehren. Zool. Garten 24 (1883) 305–312.

68 Sernow, S. A.: Allgemeine Hydrobiologie. Berlin 1958, S. 6.

den, daß die Erträge sich nicht nur reproduzieren (Regeneration), sondern außerdem steigen (Zucht).

In der zweiten Hälfte des 19. Jahrhunderts begann offensichtlich eine stärkere Rückwirkung der Wissenschaft auf die Produktion, von der Landwirtschaft und Seefischerei nicht ausgenommen waren. So hat z. B. Marx in seinem Hauptwerk „Das Kapital" mit größter Aufmerksamkeit den Einsatz von Wissenschaft zur Steigerung landwirtschaftlicher Produktivität durch J. v. Liebig verfolgt. Gleiches strebte ja auch Möbius an. Darüber hinaus verhielt sich für Möbius die Wissenschaft gegenüber der Gesellschaft keineswegs neutral. Auch wenn er diesen Aspekt nicht explizit ausführt, unterstreicht er die enge Verbindung von Wissenschaft und Gesellschaft besonders im Hinblick auf die Ökonomie. In diesem Zusammenhang ist folgende Stelle in seiner „Auster" interessant: „Von Kulturpflanzen und Haustieren werden ungeheure Summen Individuen ausgebildet, weil der Mensch ihre biocönotischen Gebiete künstlich vergrößert hat. Diese künstliche Vermehrung der Kulturpflanzen und Haustiere ist die Grundlage für die Steigerung der Keim- und Reifefruchtbarkeit der Menschen, für die Ausdehnung des biocönotischen Gebiets des Homo sapiens. Der durchschnittliche Ertrag unserer Wälder, Äcker und Gärten ist das Resultat natürlicher Kräfte und menschlicher Arbeit. Neben den chemischen und physikalischen Kräften des Bodens und der Atmosphäre und den organischen Kräften der wilden unkultivierten Pflanzen und Tiere spielen die körperlichen und geistigen Kräfte der Menschen in der Wald- und Landwirtschaft eine wichtige Rolle; denn einen bedeutenden Anteil an der Höhe der Ernten haben außer den zahlreichen Wald- und Feldarbeitern die Fabrikanten der Wirtschaftsgeräte, die Mechaniker und Optiker, welche Instrumente zu naturwissenschaftlichen Untersuchungen liefern, sowie die Gedankenarbeiten der Land- und Forstleute und vieler Naturforscher."

Möbius schließt seine Betrachtung mit den Worten: „Den durchschnittlich gleichförmig wirkenden Naturkräften gegenüber dürfen diese vielfältigen, ineinandergreifenden menschlichen Arbeiten niemals ruhen, wenn man von den künstlichen Biocönosen der kultivierten Ländereien auf die Dauer Mittelerträge erzielen und wenn man verhindern will, daß die Natur sich in jedem Gebiet ihre eigenen Biocönosen wieder einrichtet."[69]

Es ist schon bemerkenswert, wie Möbius den unaufhörlichen Austausch zwischen der Gesellschaft und der Natur mittels des Arbeitsprozesses als Voraussetzung für die Existenz des Menschen begreift. Geistigen wie physikalischen Aufwand bezieht er ein. Er berücksichtigt den Gebrauch und die Schaffung von Arbeitsmitteln,[70] und die Möglichkeit der Veränderung der natürlichen Fruchtbarkeit durch die Entwicklung der Naturwissenschaft.[71] Möbius' Lösungsvorschläge verbleiben natürlich im Rahmen der kapitalistischen Produktionsweise. So will er „die Verarmungsgeschichte" der Austernbänke mit Hilfe der Regierungen korrigieren, und seine „Auster" sollte ihnen „eine sichere Basis für ihre Anordnungen" bieten.[72]

An die seinerzeit üppigen Austernbänke des Schleswig-Holsteiner Wattenmeeres erinnert 100 Jahre später, nachdem sie einst das klassische Modell für Begriff und Theorie der Biozönose geworden waren, nur noch der theoretische Extrakt. Die Austernbänke selbst sind verschwunden. Die von Möbius gelegten Grundlagen sind heute jedoch lebenskräftiger denn je.

Für kritische Durchsicht des Manuskriptes und Bearbeitungshinweise danke ich Frau Doz. Dr. sc. Ilse Jahn, Berlin, und Herrn Prof. Dr. habil. Joachim Nitschmann, Potsdam. Herrn Dr. Lothar Kretschmar, Frau Rose Leps, und Herrn Fotografenmeister Claus Herrman, Potsdam, danke ich für technische Mithilfe.

---

69 Möbius, K: Die Auster ..., a. a. O., S. 84 f.
70 Scheele, I., s. Anm. 10.
71 A. a. O.
72 Möbius, K.: Die Auster ..., a. a. O., S. V.

Das
schleswig-holsteinische
Wattenmeer
mit den
Austernbänken
Stromrinnen
und Tiefen in Metern.
Nordsee
Röm
Ballum
List
Hoyer
Mögeltondern
Tondern
Westerland
Keitum
SYLT
Morsum
Bei Springebbe trocken
Bei Springebbe trocken
Hörnum
FÖHR
Wyk
Nieblum
Amrum
Nebel
Oland
Appelland
Langeness
Nordmarsch
Habel
Grode
Beens Hallig
Hamburger Hallig
Bredstedt
Hooge
Nordstrandischmoor
Norderoog
Pellworm
Pohns-Hallig
Nord strand
Husum
Austern Bassins
Süderoog
Südfall
Nordsee
Friedrichstadt
Schleswig

DIE AUSTER UND DIE AUSTERNWIRTHSCHAFT

VON

KARL MOEBIUS
PROFESSOR DER ZOOLOGIE IN KIEL.

MIT EINER KARTE UND NEUN HOLZSCHNITTEN.

BERLIN.
VERLAG VON WIEGANDT, HEMPEL & PAREY.
1877.

VORWORT.

Ueber die Auster ist seit den ersten Versuchen künstlicher Austernzucht in Frankreich, im Jahre 1858, sehr viel geschrieben worden. Durch grosse Zahlen in Erstaunen versetzt, wollten die Autoren auch bei ihren Lesern Erstaunen erwecken und die Küstenbewohner anregen, in allen ihren Gebieten das köstlichste aller Weichthiere des Meeres massenhaft zu erzeugen. So ging das Rühmen der künstlichen Austernzucht von Zeitung zu Zeitung, von Buch zu Buch, und machte einen solchen Eindruck der Zuverlässigkeit, dass selbst geübte Austernwirthe und kundige Biologen glaubten, es liessen sich grosse Summen von Austern mit wenig Mühe für die Tafel aufziehen.

Begreiflich ist das; denn die amtlichen Berichte über die Austernwirthschaft in Frankreich, England und Nordamerika, aus denen die grossen Zahlen entnommen wurden, enthalten entweder gar keine oder nur zerstreute und für den Kenner verständliche Angaben über ihre wahre Bedeutung. Um diese aber zu verstehen, muss man sich mit den Eigenschaften und Lebensbedingungen der Auster bekannt machen.

Ueber beides werden Biologen, Austernzüchter und Austernfreunde in der vorliegenden Schrift das Nöthige finden, um sich ein Urtheil über die Austernzuchtfrage bilden zu können.

Ich glaube, deutlich gemacht zu haben, dass eine gesunde Austernwirthschaft dieselben Regeln zu befolgen hat, wie jede andere Massenkultur lebendiger Wesen. Ist mir das gelungen, so habe ich etwas gethan, was eigentlich gar nicht hätte nöthig sein sollen. Denn was war von jeher natürlicher, als dass auch die Austern und die Austernwirthschaft den allgemein herrschenden biologischen Gesetzen unterworfen seien! Und doch that eine solche Auseinandersetzung noth, da nicht blos Laien in der Naturwissenschaft, sondern sogar Männer, welche Biologie lehren und schreiben, bis in unsere Zeit, von der künstlichen Austernzucht Unmögliches erwarteten.

In Zeitaltern, welche schon Wissenschaften besitzen, hat es der Forscher selten mit dem Suchen und Finden neuer Thatsachen und Gedanken allein zu thun; gewöhnlich muss er zuerst Irrthümer in dem überlieferten Wissen erkennen, dann sie im eigenen Geiste bekämpfen und erst, wenn er sie in sich selbst überwunden hat, kann er daran gehen, sie aus dem Systeme der Wissenschaft auszumerzen und an ihre Stelle die gefundene Wahrheit zu setzen.

Von der vollen Kenntniss der thatsächlichen Wahrheit in dem Gebiete der Austernbiologie und Austernwirthschaft enthält dieses Schriftchen freilich nur einen sehr bescheidenen Theil.

Obwohl ich mir dessen deutlich bewusst bin, habe ich es dennoch erscheinen lassen, weil es auch schon in dieser Unvollkommenheit manchen Biologen, Austernfreunden und Austernzüchtern willkommene Aufklärungen geben wird und weil es den Regierungen, welche über die natürlichen Austernbänke zu Gunsten ihrer Staatsbevölkerung zu wachen haben, eine sichere Basis für ihre Anordnungen darbietet.

Solchen freilich, welche sich dem schönen Glauben hingeben, eine vollkommene künstliche Austernzucht müsse überall, wo nur Seewasser sei, Austern massenhaft erzeugen können, wird mein Buch schwerlich zusagen, und es wird sie auch wohl nicht von ihrem Irrthum überzeugen.

Aber der reizendste Irrthum wird keine Wahrheit, mag man auch noch so fest und noch so lange an ihn glauben.

KIEL, den 8. Juli 1877.

Karl Möbius.

INHALT.

1. Das Wattenmeer.

Unter den Austern, welche die westeuropäischen Küstenmeere erzeugen, hat die holsteinische Auster seit mehr als hundert Jahren einen wohlverdienten Ruf. Die Bänke, welche sie liefern, liegen vor der Westküste Schleswig-Holsteins in einem Gebiete, welches nur 74 Kilometer lang und 22 Kilometer breit ist. Die meisten und die besten befinden sich an der Ostseite der Insel Sylt und in der Nähe der Inseln Amrum und Föhr. An der nördlichen Grenze des deutschen Austerngebietes, bei der Insel Röm, und an der südlichen Grenze desselben, bei den Inseln Pellworm und Nordstrand, gegenüber der Stadt Husum, sind nur wenige unbedeutende Bänke. Da ihre Eigenschaften von den Eigenthümlichkeiten desjenigen Meergebietes abhängen, in welchem sie sich befinden, so ist es nöthig,

---

Erklärung der Abbildung (Fig. 1):

Das Wattenmeer mit drei Baken, welche das Fahrwasser angeben. Im Hintergrunde die Hallig Langeness über dem Meeresspiegel.

zunächst einen Blick auf das schleswig-holsteinische Inselmeer zu werfen.

Im Vergleich mit der offenen Nordsee ist es ein flacher Meerestheil. In dem ganzen südlichen Theile der freien Nordsee zwischen Deutschland, Holland, England und Schottland sind die gewöhnlichen Tiefen 35 bis 45 Meter. So tief ist das schleswig-holsteinische Inselmeer an keiner Stelle. Die grössten Tiefen der Kanäle, durch welche dasselbe mit der offenen See zusammenhängt, erreichen höchstens 15 bis 20 Meter. Der Boden unseres Inselmeeres erhebt sich alſo gleichsam wie eine Hochebene über den tieferen Grund der offenen Nordsee. In diese Hochebene schneiden Thäler von verschiedener Tiefe und Breite zwischen den Inseln und dem festen Lande ein. Bei Hochwasser, dem höchsten Stande der Fluth, ist der Boden ganz bedeckt, aber zur Zeit des niedrigsten Wasserstandes, am Ende der Ebbe, liegen weite Strecken desselben trocken. Die trocken laufenden Stellen des Meeresbodens heissen Watten, und daher wird dieses Inselmeer auch Wattenmeer genannt.

Das bei Ebbe von den Watten ablaufende Wasser strömt in flacheren und tieferen Rinnen, welche die Schiffer Leien und Tiefen nennen, zum Theil in südlicher, zum Theil in nördlicher Richtung dem freien Meere zu, bis die von beiden Seiten täglich zweimal kommende Fluth die Ebbeströmungen stauet und dann umkehrt. Das Wasser steigt nun wieder. Die Tiefen und Leien können es nicht mehr fassen; es ergiesst sich über ihre Ränder, läuft rauschend über die Watten hin und überfluthet sie endlich bis zu solcher Höhe, dass nun kleine Schiffe über dieselben Stellen hinfahren können, wo wenig Stunden zuvor Menschen gehen und Wagen fahren konnten.

Bei einer Untersuchung der Austernbänke gerieth unser kleines Dampfschiff zwischen der Insel Föhr und dem Festlande in zu flaches Wasser und fuhr sich Vormittags gegen 9 Uhr fest. Das Wasser war im Fallen; nach mehreren Stunden war es gar verlaufen. Wir stiegen aus und gingen zu Fuss nach der Hallig Oland, die ein Kilometer östlich von unserem Schiffe als grüne Platte auf dem ebenen grauen Meeresboden lag.[1]) Nachdem wir dort den künstlich aufgeworfenen Hügel besucht hatten, wo eine kleine Gruppe von Wohnhäusern um einen Süsswasserteich herumgebauet ist, und wo die Kirche, von Gräbern umgeben, steht, erreichten wir unser Schiff wieder, ehe das Wasser zurückkehrte. Erst gegen sieben Uhr Abends war die Fluth so hoch gestiegen, dass unser Schiff anfing zu schwanken, worauf es bald flott wurde und nach Föhr dampfte, um für die Nacht in dem Hafen von Wyk vor Anker zu gehen.

Eine ähnliche Beschaffenheit hat das Meer an der ganzen deutschen Küste entlang, von Röm im Norden an der dänischen Grenze bis Borkum im Westen neben den holländischen Inseln. So wird vor der Elbmündung zwischen Cuxhafen und der Insel Neuwerk bei jeder Ebbe der Meeresboden in einer Breite von sieben bis acht Kilometer entblösst. Man kann dann zu Fuss, zu Pferde und zu Wagen die Insel erreichen. Auf dem Wege befindet man sich in gleicher Höhe mit den Segeln, die draussen auf See vorübergehen, und an der Grenze des zurückweichenden Wassers und des auftauchenden Meeresbodens sieht man ausgedehnte Scharen von Seevögeln, welche die entblössten Würmer, Muscheln und Krebse zu erhaschen suchen, ehe sie sich in den Boden zurückziehen.

Wenn die Watten bei der hohlen — der niedrigsten — Ebbe noch in tiefer Stille trocken liegen, hört man aus der Ferne von den Tiefen her schon das Brausen der kommenden Fluth. Erst langsam, dann schneller und schneller, und zuletzt wieder langsamer steigend, steht das Wasser bei voller Fluth im Norden des Wattenmeeres beinahe zwei Meter und im Süden, vor der Mündung der Elbe sogar gegen drei Meter höher, als bei Ebbe. Drei Viertel ihrer ganzen Höhe erreicht die Fluth in der Regel schon drei Stunden nach ihrem Beginn. In dieser kurzen Zeit bewegen sich ungeheure Wassermassen gegen die Küste; an vielen Stellen bilden sie Strömungen von der Geschwindigkeit des Rheinstroms zwischen Coblenz und Bonn; denn sie laufen in einer Secunde 1,5 bis 2 Meter weit. Noch stärker als die Fluthströmungen sind fast überall die Ebbeströmungen, weil sie nicht allein das angefluthete Meerwasser wieder abführen, sondern mit diesem zugleich auch das durch die Fluth aufgestauete Süsswasser des Landes. Daher bringen die Ebbeströmungen am Grunde des Wattenmeeres noch stärkere Veränderungen hervor, als die Fluthströmungen, und am gewaltigsten verschieben sie die Bodenbestandtheile da, wo grosse Süsswassermassen ins Meer gehen: vor den Mündungen der Eider, Elbe, Weser und Ems. Hier müssen die schwimmenden Tonnen und die in den Grund gesteckten Baken, welche den Schiffern das tiefere Fahrwasser anzeigen sollen (Fig. 1 S. 1), fast jedes Jahr versetzt werden, weil sich die Tiefen oft ändern.

Der Hauptbestandtheil des Grundes dieses unruhigen Meeres ist feiner Quarzsand. An vielen Stellen lagert sich Schlick ab, ein klebriger Schlamm, der viel organische Stoffe enthält. Dies geschieht besonders an der Küste des festen Landes und an der Ostseite von Sylt an solchen Punkten, wo nach dem Stromwechsel das Wasser nicht schnell genug fliesst, um alle während der Stauung zu Boden gesunkenen Schlicktheilchen wieder wegzunehmen.

An den schrägen Abhängen zwischen den trockenlaufenden Watten und dem Rinnsal der Tiefen kommen längere Strecken vor, wo der Grund mit grobem Sand, kleineren und grösseren Steinen und Muschelschalen bedeckt ist. An solchen Stellen findet man zusammen mit vielen anderen Seethieren auch Ansiedelungen von Austern, sogenannte Austernbänke (Fig. 2).

Fig. 2.

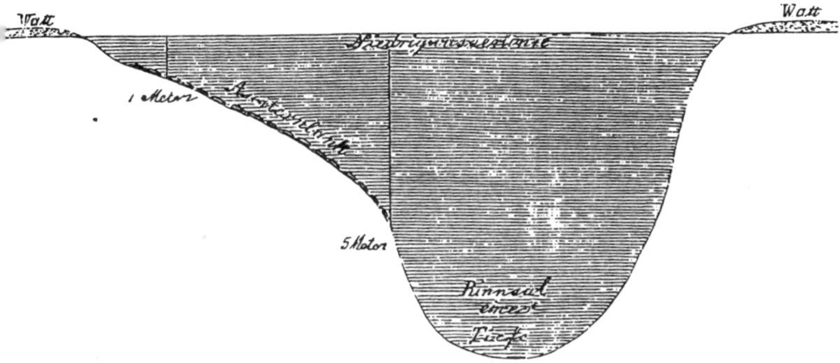

Schema des Querschnitts einer tiefen Rinne des Wattenmeeres, auf deren Abhang links eine Austernbank liegt. Zu beiden Seiten Wattgrund, der bei Ebbe trocken läuft. (Die Breite der Rinne ist nach einem viel kleineren Massstabe dargestellt, als ihre Tiefe.)

[1]) Halligen heissen die kleinen, niedrigen Inseln im schleswig-holsteinischen Wattenmeere, welche aus Marschboden bestehen und nicht durch Deiche (Dämme) gegen hohe Fluthen geschützt sind. Es sind grüne Ebenen, von weidenden Schafen und Rindern belebt, die nur einige Fuss über der gewöhnlichen Hochwasserlinie liegen und bei Sturmfluthen überschwemmt werden. Das Wort Hallig ist vielleicht aus haf-lik (plattdeutsch) entstanden. Haf heisst derjenige Theil des Küstenmeeres, der bei Ebbe trocken wird und bei Fluth bedeckt ist; lik heisst gleich, ähnlich. Kein anderes Land ist dem Hafboden so ähnlich, wie das Land der Halligen.

Die «Inseln» des schleswig-holsteinischen Wattenmeeres bestehen entweder aus eingedeichtem, niedrigem Marschland oder aus höherem Geestland und Dünen. Nordstrand und Pellworm sind Marschinseln; Föhr ist aus Marsch und Geest zusammengesetzt, Sylt und Amrum haben Geestboden und Dünen. Der Marschboden ist eine graue, gleichmässig feine Masse ohne jeden Stein; bei Nässe wird er zähe und klebrig. Er ist aus Schlamm entstanden, der sich vor den Mündungen der Flüsse an ruhigeren Stellen des Küstenmeeres absetzte. Das Geestland ist älterer, gehobener Meeresboden. Es ist uneben und besteht hauptsächlich aus gröberem Sand, der viel weniger fruchtbar ist, als der fette Marschboden, welcher ohne Düngung reiche Ernten giebt.

2. Die Austernbänke
und
der Austernfang.

Die meisten Austernbänke werden niemals sichtbar, weil das Wasser des Wattenmeeres durch schwebende Schlicktheilchen stets trübe ist. Nur wenn bei Springebben, den niedrigsten Ebben, die zur Zeit des Vollmondes und Neumondes eintreten, östliche Winde sehr viel Wasser vom Lande abtreiben, werden die Ränder einiger flachliegenden Bänke so seicht, dass man die Austern liegen sehen und mit der Hand aufnehmen kann. Von den Austernbänken, welche dicht an der Ostküste von Föhr liegen, wurden in einem Herbst auf diese Weise gegen 20,000 Austern aufgelesen und in tiefere Stellen versetzt.

Gewöhnlich muss man Peilstöcke oder Schleppnetze anwenden, um zu prüfen, ob man sich über einer gesuchten Austernbank befindet. Die Peilstöcke sind 5 bis 6 Meter lange Stangen, deren untere Hälfte durch verschiedene Farben in Fusse abgetheilt ist. Sie werden von den Schiffern an flachen Stellen des Wattenmeeres gebraucht, um während der Fahrt zu untersuchen, ob die Tiefe zu- oder abnimmt, damit sich das Fahrzeug nicht festfährt. Stösst man mit dem Peilstock auf den Grund, so fühlt man, ob er nur aus weichem Schlick oder aus reinem Sand besteht, oder ob er mit Muschelschalen bedeckt ist.

Die Schleppnetze der Austernfischer (Fig. 3) bestehen aus einem eisernen Rahmen, von welchem zwei zusammenstossende Schenkel für die Befestigung des Taues auslaufen, und aus einem Beutel, dessen obere Hälfte aus grobem Garn geflochten ist; die untere, den Meeresboden bestreichende Hälfte ist der besseren Haltbarkeit wegen aus eisernen Ringen gearbeitet, deren Durchmesser 6 bis 7 Centimeter beträgt. Das ganze Netz ist 50 bis 60 Pfund schwer.

Fig. 3.

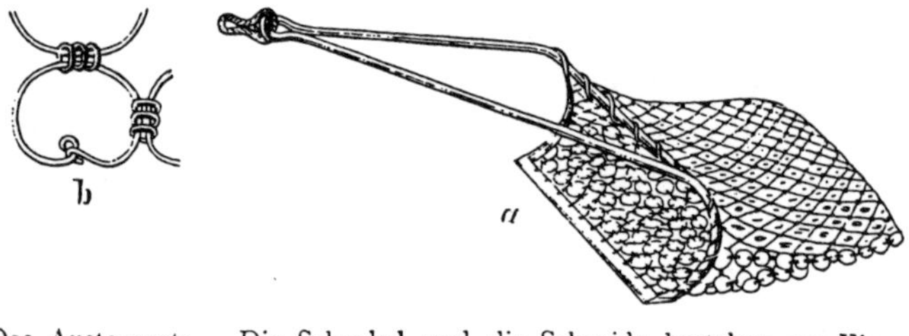

Das Austernnetz. Die Schenkel und die Schneide bestehen aus Eisen. Der Beutel besteht oben aus grobem Netzgarn, unten aus eisernen Ringen von 6—7 Centimeter Durchmesser. Die Form und Verbindung dieser Ringe stellt *b* genauer dar.

Die Lage der Austernbänke ist den älteren Austernfischern genau bekannt und sie wissen dieselben dadurch zu finden, dass sie sich beim Steuern ihres Fahrzeuges nach hochliegenden Punkten des Küstenlandes und der Inseln: nach Leuchtthürmen, Kirchen, Windmühlen und Häusern richten. Die Fahrzeuge der Austernfischer sind

Jachten mit einer Tragfähigkeit von drei bis sechs Lasten. Am Bord eines jeden sind ausser dem Eigner in der Regel noch zwei Matrosen. Auf den schleswig-holsteinischen Bänken fischen vierzehn Fahrzeuge Austern.

Bei günstigem Wind und rascher Brise werden vier Schleppnetze zur Zeit ausgeworfen, bei schwachem Winde nur zwei oder blos eins. Sie sind durch starke Taue an der Luvseite des Fahrzeuges befestigt, d. h. an derjenigen Seite, an welche der Wind stösst. Hält man die Hand an das Tau eines ausgeworfenen Netzes, so kann man fühlen, ob es über glatten Grund geht oder über Austern streicht; denn das Tau wird in unregelmässige, stossende Bewegungen versetzt, wenn Austern dem ruhigen Fortgleiten des Netzes Widerstand entgegensetzen. Gewöhnlich lässt man das Netz fünf bis zehn Minuten lang schleppen; dann ziehen es zwei oder drei Mann herauf und schütten den ganzen Inhalt des Beutels auf dem Deck aus. Dieser besteht aus alten Austernschalen, Schalen von Herz- und Miesmuscheln, lebenden Austern, Schnecken, Krebsen, Würmern, Seesternen, Seeigeln, Polypen, Schwämmen und Seepflanzen, die gewöhnlich alle durch Sand und Schlick verunreinigt sind. Aus diesem Haufen von wimmelnden oder starr daliegenden Thieren werden nun alle ausgewachsenen Austern ausgelesen.

Während sie einzeln durch die Hände der Fischer gehen, schneiden und schaben diese mit einem Messer das Gröbste alles lebenden Besatzes von den Schalen ab und werfen die Austern in Körbe. In diesen rüttelt und schüttelt man sie dann, um noch denjenigen Ansatz zu zerstören, den das Messer zurückliess. Darauf schlingt man Taue um die Körbe und senkt und hebt diese im

Meerwasser auf und nieder, um alle Unreinigkeiten von den Austern abzuspülen.

Jetzt erst befinden sie sich in demjenigen Zustande, in welchem sie in den Handel kommen. Trotz dieser mehrfachen Reinigung sind doch noch viele Austern, wenn sie auf den Tisch kommen, mit todten und lebendigen Thieren besetzt, und der eigenthümliche Geruch, den sie im Binnenlande haben, geht hauptsächlich von dem abgestorbenen Besatz der Schalen aus und nicht von den frischen, lebendigen Austern selbst.

An keiner Stelle des Wattenmeeres liegen die Austern auf Felsengrund. Ihre beste Unterlage sind alte Austernschalen und Schalen anderer Muscheln. Die meisten liegen einzeln; in Klumpen zusammengewachsene kommen selten vor. Die verbreitete Vorstellung, dass sie am Meeresboden festgewachsen seien und dicht neben- und übereinandergeschichtet lägen, ist also falsch. Auf den besseren schleswig-holsteinischen Bänken muss das Schleppnetz eine Bankfläche von 1 bis 3 Quadratmeter, ja oft eine noch grössere Fläche bestreichen, um eine einzige vollwüchsige Auster aufzunehmen.

Im schleswig-holsteinischen Wattenmeere liegen 47 Austernbänke von sehr verschiedenem Umfange. Die grösste ist über drei Kilometer lang; die meisten sind kürzer. Ihre Breite ist in der Regel viel geringer als die Länge, welche dieselbe Richtung hat, wie der Lauf der Tiefe, an deren Böschung sie liegt. Die meisten Bänke haben wenigstens noch zwei Meter Wasser über sich, wenn bei Ebbe die Watten in ihrer Nähe trocken liegen. Tiefer als 6 bis 9 Meter kommen in unserem Wattenmeer keine Bänke vor. Obgleich alle siebenundvierzig innerhalb eines Gebietes von 74 Kilometer Länge und 22 Kilometer Breite liegen, so ist die Beschaffenheit der Austern, was Form und Festigkeit ihrer Schale und besonders auch den Geschmack des Weichthiers betrifft, sehr verschieden. Auf zwei Bänken innerhalb der Südspitze von Sylt wachsen Austern, die an Fülle und Feinheit des Geschmacks den besten englischen Natives nicht nachstehen.

Fig. 4.

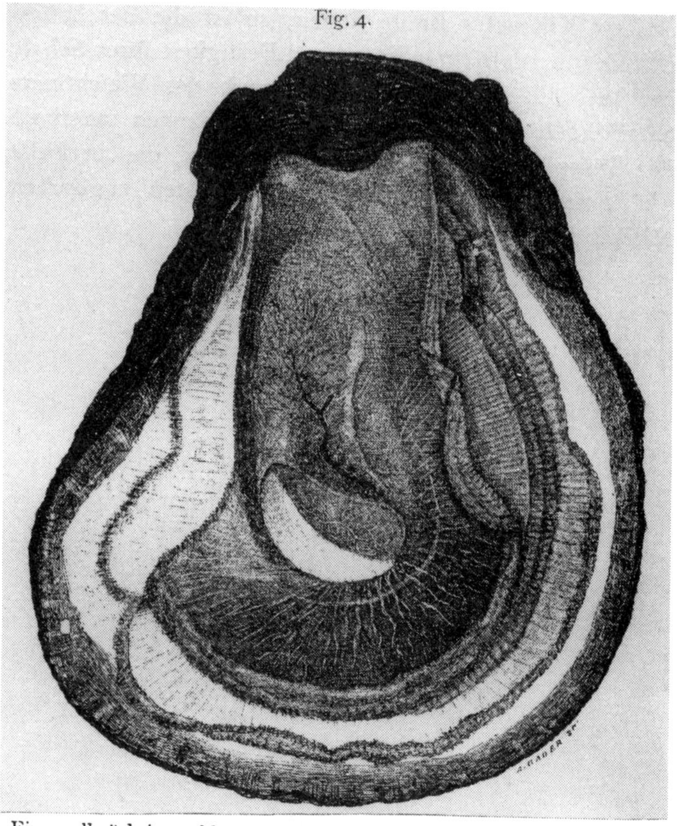

Eine vollwüchsige schleswig-holsteinische Auster, ungefähr 10 Jahre alt, stark eierträchtig, am 14. Juni 1871 von J. Wittmaack nach dem Leben gezeichnet.

Die flache Klappe der Schale, die rechte, ist abgelöst. Das Weichthier liegt in der hohlen linken Klappe an seiner natürlichen Stelle. Oben treten die Verdickungsschichten der Schale hervor. In jedem Jahre werden mehrere Schichten abgelagert. Die innere Fläche der Schale ist weiss bis auf den Saum, der eine bräunliche Farbe hat. Oben dicht an dem Rücken des Weichthiers, der etwas eingesenkt ist, liegt eine sichelförmige braune Masse, das Schalenband. Es wurde beim Ablösen der flachen Klappe mitten durchgebrochen. Die rechte Seite des Weichthieres liegt frei vor dem Beschauer, die linke ruhet auf der inneren Fläche der hohlen Klappe.

3. Die Keimfruchtbarkeit der Austern.

Legt man die Flächengrössen aller Austernbänke zusammen, so bedecken sie lange nicht den hundertsten Theil desjenigen Wattenmeergrundes, der immer unter Wasser bleibt. Woran liegt das? Fehlt es an junger Austernbrut, um alle Stellen zwischen den Bänken auch noch zu bevölkern? — Das kann ich aus folgenden Gründen nicht annehmen.

Die Gesammtzahl der vollwüchsigen Austern, welche

Die Hautplatte mit gefaltetem und umgelegtem Saume ist die Mantelplatte der rechten Seite. Die weissen Linien darin sind Muskelfasern. Die linke Mantelplatte liegt dicht auf der Schale. Sie ist weiter ausgedehnt, als die rechte. Unter dem umgelegten Saume des Mantels erscheinen die Kiemen, deren die Auster vier besitzt. Am meisten entblösst ist die äussere Kieme der rechten Seite. Von zwei andern sieht man blos einen schmalen Rand. Alle vier sind von innen nach dem Rande zu gerieft. Auf den Riefen stehen Flimmerwimpern (selbstbewegliche Härchen), deren Schwingungen das Wasser zum Athmen über die Kiemen hintreiben.

Oberhalb der Kiemen hängen zwei Paar gestreifte Platten; zwischen ihnen ist der Eingang in den Mund der Auster. Der angeschwollene obere Körpertheil enthält die Geschlechtsdrüse, die Leber, den Magen, den Darm und das Herz. Das bohnenförmig umgrenzte Organ ist der Schliessmuskel, der sogenannte Stuhl. Er besteht aus einer grauen oberen Abtheilung und aus einer weissen unteren.

Fig. 5.

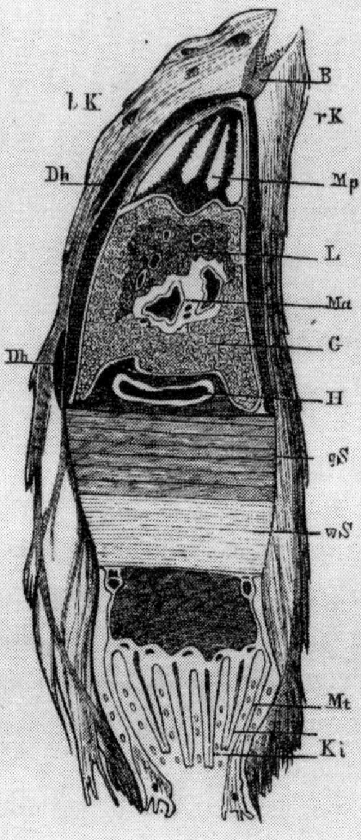

B Band.
Dh Dunsthöhle.
G Geschlechtsdrüse.
gS grauer Schliessmuskeltheil.
H Herz.
Ki Kieme.
L Leber.
lK linke Klappe.
Ma Magen.
Mt Mantel.
Mp Mundlappen.
rK rechte Klappe.
wS weisser Schliessmuskeltheil.

Senkrechter Querschnitt einer sieben oder acht Jahr alten Auster.

Die gewölbte linke Klappe (*lK*) der Schale ist, wie gewöhnlich, etwas dicker als die rechte (*rK*). Beide sind durch das Band (*B*) verbunden, welches durch seine ausdehnende, rückwirkende Federkraft beide so lange auseinander hält, so lange sie der Schliessmuskel *(gS* und *wS)* nicht zusammenzieht. Der Schliessmuskel besteht aus grauen, feineren Muskelfasern *(gS)* und aus weissen gröberen Muskelfasern *(wS)*.

In der gewölbten Schale sind oben in der Nähe des Bandes vier Löcher, die ein Schwamm (Clione celata) ausgehöhlt hat, welcher häufig in den Austernschalen des Wattenmeeres lebt. Zwei andere längere Höhlungen *(Dh)* kommen in den Schalen alter Austern oft vor. Sie sind mit Wasser angefüllt, welches nach Fäulnissgasen riecht, und deissen deshalb Dunsthöhlen. Der dickste Theil der Schale liegt bei hem Schliessmuskel. Er besteht hauptsächlich aus kreideweissem Kalk, durch welchen sich aber glänzende festere Schichten hindurchziehen. Zunächst über dem Schliessmuskel liegt das Herz *(H)*. Die hellere, im auf den schleswig-holsteinischen Bänken liegen, schätze ich auf ungefähr fünf Millionen. Nach meinen Untersuchungen bringen im Laufe des Sommers wenigstens 44 Procent der vorhandenen vollwüchsigen Austern Brut hervor.[1]) Da nun eine ausgewachsene eierträchtige Auster (Fig. 4 S. 12) über eine Million Eier legt, so entstehen in einer Brutperiode auf unsern Austernbänken wenigstens 2,200,000,000,000 junge Austern, die sicherlich ausreichen würden, den Boden des ganzen Wattenmeeres in eine ununterbrochene Austernbank zu verwandeln. Denn wenn sich eine solche Summe von Austernbrut über eine Fläche von 74 Kilometer Länge und 22 Kilometer Breite vertheilt, so fallen jedem Quadratmeter 1351 Stück zu.

Jene Summe von 2 Billionen und 200,000 Millionen junger Austern ist aber unzweifelhaft niedriger, als in Wirklichkeit entstehen, weil nicht blos die ausgewachsenen, über sechs Jahr alten Austern Eier legen, sondern weil sie schon im zweiten oder dritten Lebensjahre anfangen, sich fortzupflanzen. Die jungen legen zwar weniger Eier als alle vollwüchsigen. Aber alle drei- bis sechs-

---

Leben gelbliche Masse über der Herzhöhle besteht hauptsächlich aus der Geschlechtsdrüse *(G)*. Diese umgiebt den Magen *(Ma)* und die Leber *(L)*, welche im Leben eine braune Farbe hat. In dem Raume über diesen Eingeweiden sieht man die Querschnitte der vier Mundplatten *(Mp)*. Unter dem Schliessmuskel hängen dicht an der Schale die beiden Mantelplatten *(Mt)*. Ihr Saum ist verdickt und mit Fransen besetzt. Er enthält Muskel- und Nervenfasern. Im Leben kann er über den Rand der Schale hervortreten. Der Mantel sondert alle Schalenstoffe ab. Zwischen den beiden Mantelplatten ist ein weiter Raum, unter welchem die vier Kiemen hängen *(Ki)*. Jede Kieme besteht aus zwei Platten, die oben und unten verwachsen sind. Die Mantelplatten und die Kiemen zusammengenommen bilden den sogenannten Bart der Auster. In den Zwischenräumen des Bartes geht die Entwicklung der gelegten Eier vor sich. In die Bruträume sind einige Keime eingezeichnet.

Fig. 6.

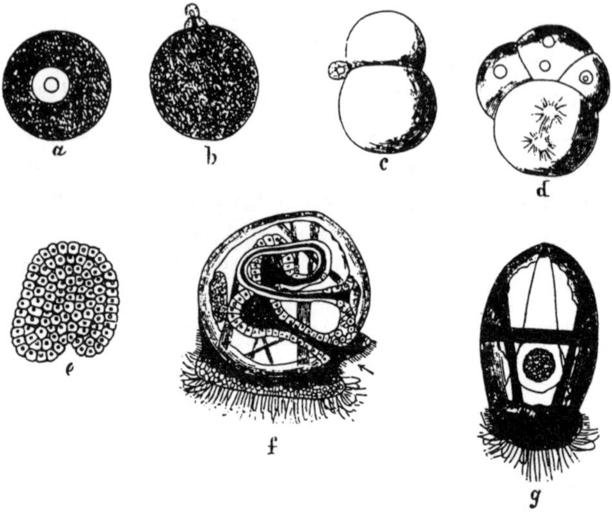

Einige Entwicklungsstufen des Austernkeimes. *a* bis *e* 125 mal vergrössert, *f* und *g* 150 mal.

a. Das gelegte Ei. In der Dottermasse liegt der Eikern und in diesem das Kernkörperchen.

b. Die Entwicklung hat angefangen. Der Eikern ist ausgetreten.

c. Theilung der Eimasse in zwei ungleichgrosse Kugeln.

d. Ein späterer Theilungszustand.

e. Der Keim besteht aus vielen, durch weiter fortgesetzte Theilung entstandenen Zellen. Diese bilden eine Blase mit einer Vertiefung, welche der Anfang des Nahrungskanales ist.

f. Der Austernkeim ist zum Schwärmling ausgebildet, der eine zweiklappige Schale hat. Diese ist durchsichtig; man sieht im Innern den Verlauf des Nahrungskanales. Ein Pfeil zeigt in den Mund hinein. Hinter der Speiseröhre der Magen mit zwei Erweiterungen. Die Pfeile in diesen zeigen den Gang der Nahrung an. Das Ende des Darmes liegt über dem Munde. Links von der ersten Magenabtheilung der Schliessmuskel der Schale. Unten tritt das Wimperkissen hervor, das Fortbewegungsorgan des Schwärmlings. Es kann durch Muskelstränge in die Schale hineingezogen werden.

g. Ein Schwärmling, von der schmalen Seite gesehen. Zu beiden Seiten die Klappen der Schale; quer durch den Körper geht von der einen zur andern der Schliessmuskel. Unten ist das Wimperpolster, an welches sich Muskeln ansetzen, die es in die Schale hineinziehen können.

jährigen Austern, welche bei 5 Millionen ausgewachsenen Austern auf unseren Bänken liegen, legen nach einer sehr mässigen Abschätzung sicherlich doch wenigstens 300,000 Millionen Eier, so dass einem Quadratmeter nicht blos 1351 Stück junge Austern zufallen, sondern wenigstens 1535 Stück.

Um zu bestimmen, wie viel Eier die Austern bilden, muss man sie in der Fortpflanzungszeit fischen. Diese beginnt auf den schleswig-holsteinischen Bänken in der Mitte des Juni und dauert bis Ende August oder bis Anfang September. Die eierträchtigen Austern entlassen ihre reifen Eier nicht in das Wasser, wie viele andere Muscheln, sondern behalten sie so lange in dem sogenannten Barte (den Mantel- und Kiemenblättern), bis sich schwimmfähige Thierchen daraus gebildet haben (Fig. 5 S. 14 und Fig. 6 S. 16).

Die Eier sind weiss und bedecken wie eine dickflüssige, rahmartige Masse die Mantel- und Kiemenblätter. Sobald sie die Geschlechtsdrüse verlassen haben, beginnt die Entwicklung der Austernkeime. Die ganze Dottermasse des Eies theilt sich in Zellen; die Zellen bilden eine Keimblase, in welcher durch die Einstülpung eines Poles ein Nahrungskanal entsteht (Fig. 6). Sehr bald erscheinen auf der linken und rechten Seite des Keimes vom Rücken her die Anfänge der Schale und nachher bildet sich an der untern Seite ein Wimperkissen aus, welches die jungen Thierchen willkürlich aus der geöffneten Schale hinausschieben können, um mit den schlagenden Wimpern entweder Nahrung nach dem Munde zu treiben oder sie beim Schwimmen als Ruder zu gebrauchen. Während dieser Entwicklung geht die anfängliche rahmweisse Farbe der Austernkeime in ein bleiches Grau und zuletzt in ein sattes Graublau über. Sie haben jetzt eine linsenförmige Gestalt und eine Breite von 0,15 bis 0,18 Millimeter. Auf einem Quadratcentimeter finden also über 300,000 Stück Platz. Oeffnet man eine Auster, in welcher die Keime diese Beschaffenheit erreicht haben, so findet man auf ihrem Barte einen schleimigen Ueberzug, der dicht angefüllt ist von graublauen Körnchen. Versetzt man einen Tropfen dieses körnigen Schleimes in ein Gefäss mit reinem Seewasser, so entfernen sich die jungen Thierchen von einander und verbreiten sich schwimmend durch das ganze Wasser.

Wenn die Austernkeime bis zu diesem Grade ausgebildet sind, so lässt sich ihre Zahl auf folgende Weise feststellen. Man streift sie mit einem Haarpinsel vom Barte der geöffneten Mutterauster rein ab, wägt erst die ganze Masse und dann einen abgesonderten Theil derselben. Diesen verdünnt man mit Wasser oder Weingeist und bringt die Thierchen in kleinen Portionen auf Glasplatten, wo sie dann unter dem Mikroskop gezählt werden. Aus dem Gewicht der ganzen Masse und aus der Zahl und dem Gewicht des abgesonderten Theiles wird die Anzahl aller Keime berechnet.

Auf diese Weise habe ich die Zahl der Keime von fünf vollwüchsigen schleswig-holsteinischen Austern, die im August 1869 gefangen wurden, bestimmt, und gefunden, dass eine jede im Durchschnitt 1,012,955 Stück enthielt.

[1]) Dass wenigstens 44 Procent der vollwüchsigen Austern in einer Fortpflanzungsperiode Eier legen, schliesse ich aus folgenden Beobachtungen:

Ich öffnete am	Austern:	Es enthielten weisse Keime:	Es enthielten blaue Keime:	Im Ganzen:	Procent:
16. Juni 1873	112	5	4	9	8
6. Juli 1873	63	7	6	13	20,6
12.—17. Aug. 1869	480			72	15,8
				Summa:	44,4.

Mir ist nicht genau bekannt, wie lange die Entwickelung der Austernkeime von dem Beginn der Furchung des Eies bis zur Ausbildung des Schwärmstadiums dauert; wahrscheinlich weniger als vier Wochen. Denn während ich in den Jahren 1871 und 1874 in der letzten Woche des Monates Mai, im Jahre 1873 vom 4.—6. Juni, und 1876 vom 6.—9. Juni noch keine Brut im Barte von hunderten geöffneter Austern fand, enthielten von 112 Austern, die am 16. Juni 1873 gefischt wurden, 5 Stück weisse Keime, 4 Stück aber schon bläuliche, also bereits mit Schalen und Wimperkissen versehene Keime. Wenn bis zum Ende der ersten Juniwoche noch keine Eier gelegt werden, aber am Anfang der dritten Woche schon bläuliche Keime ausgebildet sind, so kann die Umbildung der weissen Keime in bläuliche nicht länger als eine Woche dauern, und diese werden dann schwerlich noch länger als zwei Wochen im Barte verweilen. Also werden die in jedem folgenden Monat keimträchtig gefundenen Austern andere Individuen sein, als diejenigen, die vorher keimträchtig waren, und daher ist es richtig, die im Juni, Juli und August gefundenen Procente der keimträchtigen Austern zusammenzuzählen, um zu ermitteln, wie viel Procent im Laufe des ganzen Sommers keimträchtig sind. Da aber schon oft noch im Anfang des Septembers blaue Brut im Mantel schleswig-holsteinischer Austern gefunden worden ist, so ist die Zahl 44,4 Procent sicherlich nicht zu hoch.

Die Austern sind Zwitter. In einer grösseren Zahl Austern

fand ich in der ganzen Geschlechtsdrüse nur Eier, aber keine Befruchtungskörper; in vielen anderen in der ganzen Geschlechtsdrüse nur Befruchtungskörper, aber keine Eier. Bei 7 Austern, die blaue Brut im Barte trugen, enthielt die Geschlechtsdrüse Befruchtungskörper (Fig. 7).

Drei Austern mit jüngeren weissen Keimen im Barte hatten keine Befruchtungskörper in der Geschlechtsdrüse. Bei den meisten keimträchtigen Austern enthielten die Geschlechtsdrüsen weder Eier noch Befruchtungskörper. Von 309 Austern, welche am 25. Mai auf vier verschiedenen Bänken im Osten der Insel Sylt gefischt, und vom 26. Mai bis 1. Juni untersucht wurden, waren 18 Procent geschlechtlich unentschieden, die übrigen 82 Procent waren zur Hälfte eierträchtig, zur Hälfte spermaträchtig. Bei keiner waren die Geschlechtsprodukte ausgereift.

Aus diesen Befunden schliesse ich, dass in der Geschlechtsdrüse der Auster nicht gleichzeitig, sondern folgezeitig Eier und Befruchtungskörper entstehen; dass Befruchtungskörper sehr bald nach dem Ausstossen der Eier entstehen können, und dass wahrscheinlich die eine Hälfte der Austern eines Gebietes in einer Brutperiode blos Eier, — die andere Hälfte blos Sperma bildet.

Fig. 7.

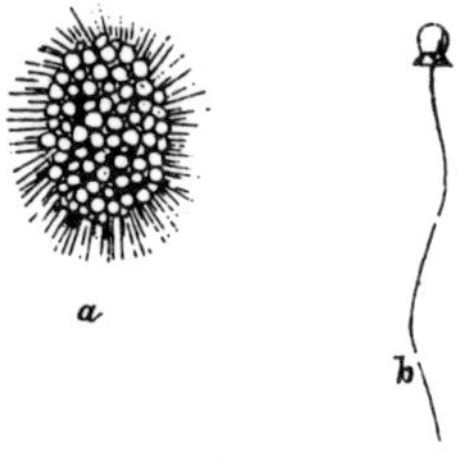

a. Ein Ballen Befruchtungskörper, die noch so zusammenhängen, wie sie dicht neben einander in den Zellen der Geschlechtsdrüse entstanden. Sie sind 275 mal vergrössert.

b. Ein einzelner Befruchtungskörper, 1000 mal vergrössert. Der Faden macht wellenförmige Bewegungen; dadurch treibt er den Kopf vorwärts. Die reifen Befruchtungefäden gehen aus der Geschlechtsdrüse ins Wasser, mit diesem gelangen sie in den Brutraum eierträchtiger Austern und befruchten die frisch gelegten Eier dadurch, dass sie sich in den Dotter derselben einbohren und mit demselben vereinigen.

4. Warum bilden sich nicht in allen Theilen des Wattenmeeres Austernbänke?

Es ist also klar, dass die Keimfruchtbarkeit der Austern ausserordentlich gross ist und dass die Ausdehnung der Austernbänke über den Boden des ganzen Wattenmeeres nicht deshalb unterbleibt, weil zu wenig Austernbrut erzeugt wird, sondern aus andern Ursachen, und es ist daher zu untersuchen, ob etwa das Wattenmeer nicht überall für Austern geeignet ist; ob der Salzgehalt, die Temperatur, die Bewegungen und der Nahrungsgehalt des Wassers und die Bestandtheile des Grundes auf den Austernbänken ganz anders beschaffen sind, als an allen übrigen Stellen des Wattenmeeres.

Der Salzgehalt der oberen Wasserschichten der freien Nordsee beträgt 3,47 bis 3,50 Procent.[1]) Das Wasser des Wattenmeeres ist etwas weniger salzig; es enthält nur 3 bis 3,3 Prozent.[2]) Da in unserm Wattenmeere und in anderen etwas schwächer salzigen Küstenmeeren Europas die Austern einen viel feineren Geschmack annehmen, als am Grunde der freien Nordsee,[3]) wo sie 35 Meter tief und tiefer in einem Wasser leben, welches gegen 3,5 Procent Salz enthält, so ist ein bis auf 3 Prozent verminderter Salzgehalt eine für die Austernwirthschaft sehr willkommene Eigenschaft des Küstenwassers. Und da unser ganzes Wattenmeer nicht bloss bei den Austernbänken sondern überall diesen Salzgehalt besitzt, so kann weder ein Mangel noch ein Uebermass von Salzgehalt die Verbreitung der Austern durch das ganze Wattenmeer hindern; und ebensowenig die Temperatur des Wassers; denn sowohl auf den Austernbänken wie auch an andern Punkten schwankt diese im Laufe der Jahreszeiten zwischen 20° C. Wärme und — 2° Kälte. Auch Mangel an Bewegung des Wassers und an Nahrungsstoffen kann die Ursache nicht sein, warum die Austernbänke seit Jahrhunderten über gewisse Bezirke nicht hinausgewachsen sind; denn überall schweben in dem durch Ebbe und Fluth bewegten Wasser des ganzen Wattenmeeres mikroskopische Pflanzen und Thiere und viel todte organische Stoffe, welche zahlreichen Austern da ebenso gut zur Nahrung dienen könnten, wo sie Schaaren von Sandmuscheln (Mya arenaria), Miesmuscheln (Mytilus edulis) und Herzmuscheln (Cardium edule) nähren. So bleibt denn als einziges natürliches Hinderniss einer grösseren Ausdehnung und Vermehrung der Austernbänke die ungünstige Beschaffenheit des Grundes in dem grössten Theile des Wattenmeeres übrig.

Austern können da nicht gedeihen, wo der Grund aus beweglichem Sande besteht oder wo sich Schlick ablagert. Und das Eine oder das Andere findet in dem grössten Theile des Wattenmeeres statt.

Die Zahl und Grösse derjenigen Stellen, wo trotz der täglichen Fluth- und Ebbeströmungen der Boden unverändert fest und schlickfrei bleibt, ist sehr beschränkt. Nur an den Abhängen gewisser Tiefen im Norden der Eidermündung treffen alle Umstände zur Bildung solcher Stellen günstig zusammen, und nur auf diesen beschränkten Bezirken können junge Austern zu völliger Reife heranwachsen.

Wenn die jungen Austern im Barte ihrer Mutter eine Grösse von 0,15 bis 0,18 Millimeter erreicht haben, wenn ihr Nahrungskanal so weit ausgebildet ist, dass sie sich selbstständig ernähren können; wenn ihr Wimperkissen im Stande ist, sie fortzubewegen, so verlassen sie ihre Entwicklungsstätte, schwärmen durch das Wasser, steigen auf kurze Zeit an die Oberfläche und lassen sich dann am Meeresboden nieder.

Geräth die kleine Schwärmauster an einen Ort, wo reine Steine oder Muschelschalen liegen, an welchen ihre Schale festwachsen kann, so hat sie Aussicht, gross zu werden. Wird sie dagegen auf veränderliche Sandbänke oder auf Schlickboden verschlagen, so ist sie verloren. Denn am Schlusse ihrer Schwärmperiode verschwindet das Wimperkissen, ihr Schwimmapparat, und kein muskulöser Fuss tritt wie bei den meisten andern Muscheln als Fortbewegungsorgan an dessen Stelle.

Die Auster ist also an den Ort festgebannt, den sie einnahm, als sie ihr Schwimmleben abschloss. Wenn sie Strömungen und Wellen mit Sand bedecken; wenn zwischen Fluth- und Ebbewechsel das ruhende Wasser Schlick auf sie niedersinken lässt, wenn Pflanzen sie überwuchern: so ist sie unfähig, sich in das freie Wasser emporzuarbeiten und an einen besseren Platz zu wandern; sie muss an Ort und Stelle liegen bleiben und geht, weil sie daselbst weder erhaltungsmässig athmen noch Nahrung aufnehmen kann, sehr bald zu Grunde.

[1]) Ueber den Salzgehalt, die Temperatur und die Strömungen der Nordsee lieferte Dr. H. A. Meyer eine Arbeit in dem «Bericht der Commission zur Untersuchung der deutschen Meere über die Expedition zur chemisch.-phys. und biologischen Untersuchung der Nordsee 1872. Berlin 1875.» (Specifisches Gewicht und Salzgehalt S. 18.)

[2]) Im Wattenmeer habe ich selbst Messungen des Salzgehaltes und der Temperatur bei wiederholten Untersuchungen der Austernbänke angestellt. Seit 1872 lässt die Commission zur Untersuchung der deutschen Meere in Kiel an verschiedenen Stationen regelmässige Beobachtungen machen, welche seit 1874 unter dem Titel: Ergebnisse der Beobachtungs-Stationen an den deutschen Küsten über die physik. Eigenschaften der Ostsee und Nordsee, erscheinen. Berlin 1874, 1875, 1876.

[3]) Im Norden von Deutschland und Holland, im Osten von England und im Kanal zwischen England und Frankreich werden viele Austern gefangen. Die deutschen Fischer von Blankenese und Finkenwärder bei Hamburg, welche in der deutschen (oder helgolander) Bucht der Nordsee Steinbutten, Goldbutten und Zungen mit grossen Schleppnetzen fischen, fangen mit diesen zugleich oft auch Austern.

Die Austerngründe der freien Nordsee liegen meistens 33 bis 34 Meter tief; sie beginnen mit einem schmalen Streifen im Südosten von Helgoland, ziehen sich von hier aus westnordwestlich von Helgoland, und bilden dann einen 15 bis 22 Kilometer breiten Streifen, der sich weit nach Westen ausdehnt. Holländische und deutsche Fischer betreiben hier besonders in den Monaten August, September und Oktober Austernfischerei und fangen mit einem Schleppnetzzug manchmal an 1000 Stück. Bisweilen gerathen grosse Klumpen aneinandergewachsener Austern in's Netz.

Die Tiefsee-Austern werden viel grösser als die Küstenmeer-Austern. Man findet Exemplare, deren Schalen 13 Centimeter breit sind. Ihr Fleisch ist zähe; dennoch werden in England, Frankreich und Deutschland viel verzehrt; in Frankreich und England dienen sie hauptsächlich zu Saucen und Pasteten. In Deutschland werden viele auch frisch gegessen, besonders im Hannöverschen und in Bremen. Für den allmälichen Verbrauch im Winter legt man sie an geeigneten Stellen im Wattenmeere nieder, z. B. bei der Insel Wangeroog. (S. Metzger's Beiträge zu dem Jahresbericht d. Commiss. zur Unt. d. deutschen Meere 1873, S. 171 u. 1875, S. 252.)

5. Die künstliche Austernzucht in Frankreich.

Der Ertrag vieler einst reichen Austernbänke an der Westküste von Frankreich hatte in den fünfziger Jahren in einem solchen Grade abgenommen, dass Professor P. Coste[1]) in Paris, der Gründer der berühmten Fischzuchtanstalt bei Hüningen im Elsass dem Kaiser Napoleon III. einen Plan für künstliche Austernzucht vorlegte. Er wollte damit der Vernichtung einer grossen Menge junger Austern im Anfang ihres selbstständigen Lebens entgegentreten.

Der erste Versuch, die verarmten Austernbänke wieder fruchtbar zu machen, wurde in der Bucht von St. Brieux, im Norden der Bretagne, ausgeführt. Hier, wo einst 1400 Mann jährlich für 300- bis 400,000 Franken Austern gefischt hatten, war in den fünfziger Jahren die Austernfischerei fast ganz erloschen. Nach Coste's Anleitung wurden im März und April des Jahres 1858 eine Menge Schalen von Austern und andern Muscheln an den Grund geworfen und Reissbündel durch Steine so niedergesenkt, dass sie nahe über dem Grunde schwebten. Nachdem auf diese Weise

1000 Hectar des Meeresbodens für den Ansatz junger Schwärmaustern vorzüglich zubereitet waren, wurden drei Millionen ausgewachsene Austern darüber ausgestreut.

Im Herbst fand man alle Schalen und Zweige der Reissbündel so dicht mit jungen Austern bedeckt, dass selbst die kühnsten Erwartungen übertroffen waren. (Fig. 8.) Dieser Reichthum an jungen Austern war jedoch etwas ganz Natürliches. In seinem Bericht an den Kaiser vom 12. Januar 1859 über den Versuch in der Bucht von St. Brieux sagt Professor Coste, dass jede erwachsene Auster 2 bis 3 Millionen Keime erzeuge. Wie er diess gefunden, giebt er nicht an Angenommen, die bei St. Brieux ausgestreuten Austern hatten nur die Keimfruchtbarkeit der schleswigholsteinischen, so brachten sie zusammen doch schon die ungeheure Summe von einer Billion und 320,000 Millionen ausschwärmender Austern hervor, so dass jedem Quadratmeter des Meeresbodens 132,000 junge Austern zufielen, für welche um die Mütter herum genug passende Ansatzkörper bereit lagen.

Fig. 8.

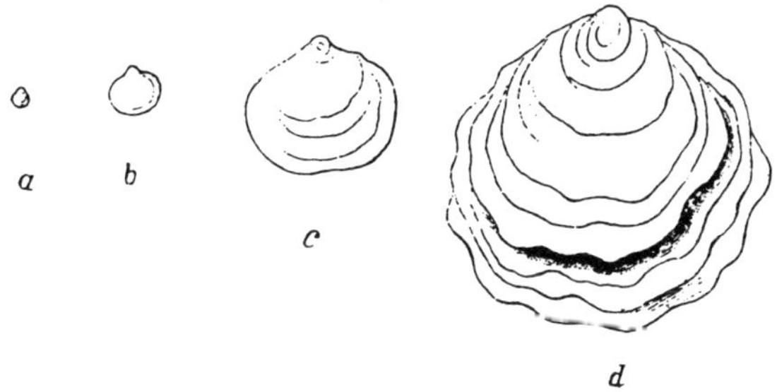

Umrisse junger Austern.

a. Ungefähr einen Monat alt.
b. Ungefähr zwei Monat alt.
c. Ungefähr vier Monat alt.
d. Zwölf bis funfzehn Monat alt.

Dieser Versuch von St. Brieux wurde für einen vollständigen Beweis gehalten, dass künstliche Austernzucht möglich sei. Man glaubte die ganze Küste Frankreichs mit Austernbänken umsäumen zu können und berechnete schon nach den damaligen Austernpreisen (das Tausend zu 20 Franken), wie viele Millionen Franken man jährlich aus dem Meere ernten würde. Capitalisten beeilten sich, mit Fischern Compagnien zu bilden, welche von der Regierung die Concession erwarben, auf gewissen Küstenstrecken künstliche Austernbetten anzulegen. Aber überall blieben die vorausberechneten reichen Ernten marktfähiger Austern aus, und die Geldsummen, welche man für die Zubereitung des Grundes und den Ankauf fortpflanzungsfähiger Austern von natürlichen Bänken ausgegeben hatte, brachten nicht nur keinen Gewinn, sondern gingen grösstentheils verloren. Die jungen Austern wurden fast alle durch Sand oder Schlamm erstickt oder von andern Seethieren gefressen. So war es erklärlich, dass ich im Jahre 1869 in der Bucht von St. Brieux nichts mehr von der im Jahre 1858 künstlich angelegten Austernbank vorfand. Der Grund der Bucht war durch Versandung für Austern untauglich geworden.

Gegenwärtig wird nur noch an einigen durch ihre eigenthümlichen Naturverhältnisse besonders begünstigten Plätzen an der französischen Küste das Einfangen von Austernbrut mit einigem Gewinn betrieben, in grosser Ausdehnung besonders in der Bucht von Arcachon südlich von Bordeaux. Diese Bucht ist, wie ich mich selbst überzeugt habe, rücksichtlich ihres Bodens und Salzgehaltes unserm Wattenmeer sehr ähnlich. Ausgedehnte seichte Sand- und Schlickbänke mit Muschelschalen laufen bei Ebbe trocken und in tieferen Rinnen strömt das fluthende und ebbende Wasser ein und aus. An Stellen, die stets unter Wasser bleiben, liegen natürliche Austernbänke, und längere Strecken an den sanft geneigten Böschungen der Wasserläufe benutzt man zu Austernbetten, indem man hierher Mutteraustern von natürlichen Bänken versetzt und darauf gegen Ende des Monats Mai zwischen diesen Muschelschalen ausstreut und Dachziegel aufstellt, welche mit einer leicht ablösbaren Cementkruste überzogen sind, um auf ihnen die ausschwärmende Austernbrut einzufangen. Von den grösseren dieser Brut-Sammelkörper lösst man mit Meisseln die festsitzenden kleinen Austern im Oktober ab, wobei im günstigsten Falle wenigstens der dritte Theil derselben zerbrochen wird, und bringt sie dann in viereckige flache Kasten, welche 2 Meter lang, 1 Meter breit und 15 bis 30 Centimeter hoch sind. Diese Kasten haben einen Boden von Drahtgewebe, durch welches Wasser ein- und austreten kann. Die Seitenwände und der Deckel bestehen aus dicken Brettern. An den Ecken sind die Kasten durch Pfähle so hoch über dem Meeresboden befestigt, dass unter dem Drahtboden eine Wasserschicht von ungefähr 10 Centimeter Höhe steht. Der Zweck dieser Behälter ist, die jungen Austern gegen Taschenkrebse (Carcinus maenas), Schnecken (Murex erinaceus) und andere Feinde zu schützen, die nach früheren bittern Erfahrungen der Auzternzüchter von Arcachon Massen von jungen Austern vertilgen, weil deren Schalen noch zu dünn sind, um ihnen das Eindringen in den weichen Leib der Auster abzuschneiden.

In diesen Zuchtkästen müssen die Austern stets unter Wasser gehalten werden, damit sie weder durch Trockniss noch durch Sommerhitze oder Winterkälte vernichtet werden. Um dieses zu erreichen, gräbt man in den höher liegenden Abtheilungen des Austernparks, die bei jeder Ebbe trocken laufen, viereckige Vertiefungen aus von 30 bis 40 Meter Länge und 4 bis 5 Meter Breite. Den Seitenwänden giebt man Festigkeit durch Pfähle und Bretter, gegen welche man von aussen her Thon legt, und den Boden bedeckt man mit Sand und Kies, um ihn für Austern geeignet zu machen. An einer der vier Seiten befindet sich ein verschliessbarer Kanal, durch den man nach Belieben bei Fluth Wasser ein- und bei Ebbe ausfliessen lassen kann. In diesen künstlichen Teichen (Claires genannt) stehen die Kasten für die jungen Austern, welchen das durch den Gitterboden eindringende Wasser Nahrung zuführt. So oft es der Wasserstand möglich macht, öffnet der Züchter den Deckel des Kastens, um der Luft und dem Lichte freieren Zugang zu gestatten und um die Austern von angesammelten Unreinigkeiten zu befreien. Zwei Monate später nimmt er sie heraus und streut sie auf dem Grunde der Zuchtteiche aus. In diesen dürfen sie nicht zu dicht bei einander liegen, wenn sie sich gut entwickeln sollen. Gegen die zahlreichen Feinde, die ihnen auch hier nachstellen, werden sie durch engmaschige Netze geschützt, welche man über ihnen ausspannt. Sehr vortheilhaft ist es, die Austern im Laufe des Jahres ein- oder zweimal in einen benachbarten gereinigten Teich zu versetzen, nachdem derselbe zuvor einige Monate lang ganz trocken gelegen hat. In den wärmsten und in den kältesten Monaten muss man auch während der Ebbe eine Wasserschicht von wenigstens 20 Centimeter Höhe über den Austern zurückhalten. Eine so mühevolle und sorgfältige Behandlung erfordern die Zuchtaustern in Arcachon wenigstens zwei Jahre hindurch, ehe sie auf den Markt gebracht werden können.

Im Jahre 1874—75 lieferte die Bucht von Arcachon 112 Millionen verkäufliche Austern und 1875—76 sogar 196 Millionen. Dieser bedeutende Ertrag der letzten Jahre gegenüber den Missernten früherer ist hauptsächlich auf zwei Ursachen zurückzuführen. Erstens hatte man die natürlichen Austernbänke in der Bucht von Arcachon unmittelbar vor diesen reichen Ernten zwei Jahre hindurch geschont. Während diese 1870-71 nur 4,897,000 Austern geliefert hatten, sammelten nach dieser Ruhezeit 8500 Personen im November 1874 binnen drei Stunden, in denen der Austernfang freigegeben war, 40,360,000 Austern ein, von denen eine grosse Anzahl als Zuchtaustern in die Austernbetten versetzt wurden, welche gegenwärtig zusammen eine Bodenfläche von 2669 Hectaren einnehmen. Zweitens hat man die früheren unvollkommenen Aufzuchtmethoden dadurch wesentlich verbessert, dass man die jungen Austern vor ihren Feinden schützt und Sorge trägt, sie in heissen und kalten Tagen immer unter Wasser zu halten, während bei den früheren Methoden sehr viele durch Feinde verzehrt wurden und in wenigen ungünstigen Sommer- oder Wintertagen oft alle jungen Austern, die bei niedrigen Ebben trocken lagen, durch Hitze oder Kälte zu Grunde gingen.

Der ausserordentliche Erfolg der verbesserten künstlichen Austernzucht in der Bucht von Arcachon und an einigen Küstenpunkten der Bretagne hat trotz des grossen Consums die Preise der Austern in Frankreich sehr ermässigt. Während man im Jahre 1873 für das Tausend 43 Franken bezahlen musste, kaufte man es 1876 für 25 Franken. Daher behalten nach Abzug der Betriebsunkosten nur noch solche Austernzüchter einigen Gewinn übrig, welche persönlich und unterstützt von ihren Angehörigen Hand ans Werk legen. Für Unternehmer, welche die vielen bei der Austernzucht nöthigen Arbeiten durch fremde Hände ausführen lassen, kann von einem nennenswerthen Gewinn, wenigstens in der Bucht von Arcachon (wie ich aus zuverlässigen Quellen weiss) kaum die Rede sein. Kostet doch schon die Umwandlung eines Hektar des dortigen Meeresbodens in ein Austernbett sammt allen dazu gehörigen Apparaten und einem Fahrzeug für die unentbehrliche Wache nach amtlichen Mittheilungen nicht weniger als 7- bis 8000 Franken.[2])

[1]) Professor P. Coste starb 1873. Sein Hauptwerk über künstliche Austern-, Miesmuschel- und Fischzucht erschien unter dem Titel: Voyage d'Exploration sus le Littoral de la France et de l'Italie. 2. Éd. Paris 1861.

[2]) Ueber die Austernzucht in der Bucht von Arcachon handeln ausser dem angeführten Werke von Coste noch folgende Schriften:

K. Möbius, Ueber Austern- und Miesmuschelzucht und die Hebung derselben an den norddeutschen Küsten. Bericht an den Herrn Minister für die landwirthschaftlichen Angelegenheiten. Berlin 1870. S. 8.

A. Tolle, Die Austernzucht und Seefischerei in Frankreich und England. Bericht an den Herrn Minister für die landwirthschaftlichen Angelegenheiten. Berlin 1871. S. 8.

De Bon, Notice sur la situation de l'ostréiculture en 1875. Paris 1875. (Extrait de la Revue maritime et coloniale.)

6. Versuche, die französische künstliche Austernzucht in Grossbritannien zu betreiben.

In Grossbritannien beschäftigen der Austernfang und der Austernhandel eine Menge Menschen. Nach einer im Jahre 1870 veröffentlichten amtlichen Schätzung betrug der Werth der in einem Jahre daselbst verkauften Austern 4 Millionen Pfund Sterling. Nimmt man den Durchschnittspreis des Stückes zu 1 Penny an, was eher zu hoch als zu niedrig gerechnet ist, so erhält man eine Summe von 960 Millionen Austern. Im Jahre 1864 kamen allein nach London mehr als 495 Millionen Austern, welche über zwei Millionen Pfund Sterling werth waren.

Bei einer solchen Bedeutung der Austernwirthschaft für Grossbritannien war es sehr natürlich, dass man dort die französischen Austernkulturversuche mit lebhafter Theilnahme verfolgte und sie an verschiedenen Küstenpunkten nachahmte. In grossartigster Weise geschah dies an der Küste der kleinen Insel Hayling, östlich von Portsmouth, durch eine Gesellschaft (die South of England Oyster Company), welche im Jahre 1865 mit einem Kapital von 50,000 Pfund Sterling gegründet wurde.

An der Westseite der Insel wurden innerhalb eines Deiches 5 Austernbetten ausgegraben, deren Grundfläche zusammen 32 Hektar beträgt. Als ich am 11. und 12. Mai 1869 diese Anlagen besuchte, war in mehrere Betten noch kein Wasser eingelassen. Der natürliche Grund (eine schwarze Kleischicht) war mit Kies und Muschelschalen bestreut. In dem grössten Bett waren 20,000 Hürden von Birkenzweigen wagerecht ein halbes Meter über dem Grunde aufgestellt, jede 2,4 Meter lang und 75 Centimeter breit. Ausser diesen Hürden waren noch Latten mit aufgenagelten Austernschalen und Faschinenbündel über dem Grunde befestigt, alle um der Austernbrut zum Ansatz zu dienen.

Das Wasser kann durch eine Schleusse ein- und ausgelassen werden. Die Mutteraustern bringt man kurz vor der Fortpflanzungszeit hinein. Im Jahre 1869 sollten 50,000 Stück darin vertheilt werden. Das Wasser wird gewöhnlich täglich gewechselt; nur nicht in der Schwärmzeit der Austernbrut, damit sie nicht in's Meer entweichen kann, und auch im Winter nicht, wenn Frostwetter eintritt. 1867 wurden 600,000 ausgewachsene Tiefseeaustern in ein Austernbett gebracht, welches 7,3 Hektaren gross war und 10,000 Hürden zum Ansatz der Brut enthielt. Im Durchschnitt hatten auf jeder Hürde über 12,000 junge Austern sich festgesetzt, zusammen also eine Summe von mehr als 120 Millionen.

Bei diesen und andern Anlagen für künstliche Austernzucht in England wurden alle Erfahrungen der französischen Austernzüchter auf's beste benutzt; aber trotzdem trat die erwartete massenhafte Aufzucht marktfähiger Austern auf keiner einzigen Zuchtstätte ein. Der Fischerei-Inspektor Mr. Blake gab vor der Commission zur Untersuchung der Austernfischerei in London am 4. Mai 1876 die niederschlagende Erklärung ab, dass eine jede in künstlichen Austernbetten aufgezogene Auster bei Reculvers an der Themsemündung 50 Pfund Sterling kostete, bei Herne Bay 100 Pfund, an einer dritten Stelle sogar 500 Pfund, und dass er im Stande sei, noch viele derartige Beispiele anzuführen. Mr. Blake, der mit der französischen und englischen Austernwirthschaft aus eigenen Anschauungen sehr gut bekannt ist, hält künstliche Austernzucht nach der französischen Methode an den britischen Küsten für unmöglich, weil hier das Klima nicht dafür geeignet sei.

Die wichtigste der Quellen, aus denen ich meine Mittheilungen über die englische Austernwirthschaft schöpfte, ist der Report from the select Commitee on Oyster Fischeries; together with the Proceedings of the Commitee, minutes of evidence, Appendix and Index. Ordered by The House of Commons, to be printed. July 1876.

Dieser Bericht enthält 3941 Fragen und Antworten, die Austernwirthschaft betreffend.

Was ich durch eigene Anschauungen von der englischen Austernwirthschaft kennen lernte, beschrieb ich in der unter dem Kapitel 4, S. 32 angeführten Schrift, zu welcher Herr A. Tolle, der mich im Auftrage des Königl. preussischen Landwirthschafts-Ministers als Wasserbautechniker begleitete, Ergänzungen in seiner ebendaselbst genannten Schrift lieferte.

7. Kann in den deutschen Küstenmeeren französische künstliche Austernzucht betrieben werden?

Welcher deutsche Austernfreund hätte nicht den Wunsch, die ganze deutsche Küste mit fruchtbaren Austernbetten umsäumt zu sehen? Deshalb wollen wir untersuchen, ob die nöthigen Bedingungen für künstliche Austernzucht in den deutschen Küstenmeeren vorhanden sind.

Der Salzgehalt, die strömenden Bewegungen, die Nahrungstoffe und auch die Bodenbestandtheile würden unser Wattenmeer für das künstliche Auffangen von Schwärmbrut und für die Aufzucht derselben ebenso geeignet machen wie die Bucht von Arcachon; nicht aber seine Temperatur- und Fluthverhältnisse. In der Bucht von Arcachon beträgt der Unterschied zwischen dem gewöhnlichen Hoch- und Niedrigwasser 4,5 Meter, bei Sturmfluthen einen Meter mehr; an unsern Nordseeküsten kann aber bei Sturmfluthen das Wasser doppelt so hoch, ja noch höher als bei gewöhnlichen Fluthen steigen. Die Gewalt der Sturmfluthen ist also gegenüber der Bewegungskraft der gewöhnlichen Fluthen an unseren Küsten viel grösser als in der Bucht von Arcachon. Und demgemäss würden wir unsern Austernbetten eine viel grössere Festigkeit geben müssen als die französischen Austernzüchter den ihrigen. Wir müssten sie so weit ins Meer hineinlegen, dass sie bei den niedrigsten gewöhnlichen Fluthen voll Wasser laufen könnten, ihnen dabei aber eine solche Festigkeit geben, dass sie einer um 2 bis 2,5 Meter höheren Sturmfluth, also einer weit grösseren und zugleich mächtig bewegten Wassermasse Widerstand leisten könnten. Solche Anlagen würden viel mehr kosten als die mit Holzbohlen umgebenen Austernbetten von Arcachon. Aber selbst dann, wenn sie fest genug wären, um den stärksten Sturmfluthen Trotz zu bieten, würden sie doch schwerlich die Zuchtaustern in allen Fällen vor Versandung oder Verschlickung schützen; und so könnte eine Sturmfluth die gesammten Austern mehrerer Generationen vernichten.

Wie verderblich die Natur unseres Wattenmeeres Austernbetten werden kann, hat ein bei Norderney ausgeführter Versuch gezeigt. Auf der Binnenseite dieser Insel wurde im Frühjahr 1869 eine Fläche von 825 Quadratmeter ausgetieft und mit doppelten Bohlwänden bis auf halbe Fluthhöhe eingefasst. Der Raum zwischen den beiden Schutzwänden wurde mit Sand und Schlick ausgefüllt und der ausgetiefte Platz in zwei Abtheilungen von verschiedener Grösse abgetheilt. In der kleineren sollte das Wasser erst die gröberen Sinkstoffe absetzen, ehe es in den grösseren gelassen wurde. In diese brachte man kurz vor der Brutzeit im Anfang des Juni 20,000 erwachsene Austern, um einen reichen Brutansatz von ihnen zu ernten; er blieb jedoch aus. Seesterne und Krebse fielen über die Austern her. Im Anfang des August brachen Sturmfluthen die Schutzwände des Austernbettes ein und die Herbststürme vollendeten das Werk der Zerstörung, so dass von der ganzen Anlage bald nichts mehr zu sehen war.

Wenn die Verhältnisse des freien Wattenmeeres nicht für die Anlegung von Austernbetten geeignet sind, so kann doch vielleicht innerhalb der hohen Deiche, durch welche das fruchtbare Marschland der deutschen Nordseeküste geschützt wird, künstliche Austernzucht betrieben werden.

Zu diesem Zwecke müssten Bassins innerhalb der Deiche ausgegraben und durch einen Kanal mit dem Meere in Verbindung gesetzt werden.

Wo dieser Kanal den Deich durchschneidet, müsste man eine Schleusse anlegen, um den Einbruch des Meerwassers bei hohen Fluthen abzuhalten. Denn in der Nähe der bereits vorhandenen Schleussen unserer Marschdeiche könnten die Auternbetten nicht eingerichtet werden, weil dieselben zum Ablassen des süssen Wassers aus den Marschländereien dienen. Hier würde daher statt des Seewassers Süsswasser in die Austernbetten laufen.

Angenommen, es liessen sich Austernbetten innerhalb eines Deiches ohne Gefahr für das eingedeichte Land mit besonderen Schleussen zum Einlassen des Salzwassers anlegen, so ist noch zu fragen: Wie werden in solchen Betten die Austern gedeihen? Werden sie genug Nahrung erhalten, um fett zu werden? Wie wird es ihnen bei anhaltendem Frostwetter gehen? Und werden sie dort Brut erzeugen?

So viel Nahrung würden sie keinenfalls erhalten, wie die Austern im freien Meere, weil man in den Austernbetten einer jeden Auster lange nicht so viel Wasser zuführen könnte, wie auf den Bänken über sie wegströmt. Und nach der Menge des vorbeiziehenden Wassers richtet sich auch das Mass der schwebenden organischen Nährstoffe. Wenn die Austern in dem Bett nicht bald im niedersinkenden Schlick begraben werden sollen, so muss man sie entweder öfter in ein reines Bett versetzen oder man muss einen Abklärungsteich neben dem Zuchtteich einrichten. Indem man das Wasser aber durch Ruhigstehenlassen abklärt, entzieht man demselben eine grosse Menge organischer Stoffe, welche den Austern als Nahrung dienen.

Besonders gefährlich würde aber Frostwetter unsern Binnendeich-Austernbetten sein, weil an unsern Nordseeküsten die niedrigsten Wasserstände bei Ostwinden eintreten, welche zugleich die grösste Kälte bringen. Daher würde man gerade in solchen Zeiten, wo höhere Wasserstände und häufiger Wasserwechsel die besten Mittel sein würden, die Austern vor dem Erfrierungstode zu schützen, auf ihre Anwendung verzichten müssen; und so würden in jedem kalten Winter in den Austernbetten sicherlich eine Menge Austern sterben. Erfrieren doch schon auf den flachliegenden Austernbänken unseres Wattenmeeres in strengen Wintern um so mehr Austern, je weniger Wasser über dieselben läuft. So wurden nach dem strengen Winter 1863 auf 1864, wo wegen Eis vom 21. December bis 17. Februar keine Austern gefischt werden konnten, und nach dem Winter 1864 auf 1865 wo die Fischerei vom 24. Januar bis zum 26. März durch

Frost unterbrochen wurde, auf vielen Bänken todte Austern gefunden.

Die furchtbarsten Verwüstungen, deren sich die alten Austernfischer erinnerten, richtete der harte Winter von 1829 auf 1830 an, in welchem Schleswig-Holstein von Mitte November bis Anfang Februar von einer ungewöhnlich niedrigen Temperatur heimgesucht wurde. Die meisten Bänke hatten stark gelitten und es vergingen viele Jahre bis sie ihre frühere Fruchtbarkeit wieder erlangten.

Bei Frostkälte sammelt sich Schlamm auf dem Mantel und den Kiemen an, weil sie die Kraft der Flimmerwimpern und Muskeln abschwächt. Die Auster ist nun nicht mehr im Stande, die schwebenden Schlammtheilchen, welche ihr der Wasserstrom zuführt, durch kräftige Schwingungen der Wimpern und durch schnelles Schliessen der Schale fortzutreiben. Diese Fähigkeit kann sie aber, wenn die Kälte nicht zu lange dauert, durch Erwärmung des Wassers wieder erlangen. Alsdann werden die Kiemen wieder rein und die durch Verschlammung gestörte Athmung und Ernährung gehen wieder in gewöhnlicher Weise von statten. Bei lange anhaltender Frostkälte schliessen sich jedoch an die Verschlammung des Mantels und der Kiemen noch weitere schädliche Folgen an. Der Schliessmuskel wird so schlaff, dass er die Schale nicht mehr zu schliessen vermag. Die Flimmerwimpern schwingen immer langsamer und stehen, wenn erst der abgestorbene Schliessmuskel die Schalen weit auseinander klaffen lässt, endlich ganz still. Mantel und Kiemen nehmen eine bleiche Farbe an. Infusorien nisten sich in ihnen ein und beschleunigen ihre Zerstörung. Der Wimperüberzug löst sich von dem

Mantel und dem festeren Gerüste der Kiemen ab. Die weicheren Theile des Rumpfes: die Geschlechtsdrüse, die Leber und der Darm verschwinden, wahrscheinlich werden sie sehr bald von Schnecken, Krebsen, Würmern, und Seesternen aufgezehrt, sobald diese ungehindert in die offene Schale eindringen können. Der letzte Theil des Weichthieres, den man noch in der Schale findet, ist der Schliesmuskel. Er steht dann frei zwischen den beiden Klappen oder sitzt nur noch an einer fest, bis er endlich nur noch Spuren seiner Fasern an den Ansatzstellen, den sogenannten Muskeleindrücken, zurücklässt.

Diesen ganzen Verlauf der Frostkrankheit der Austern habe ich Ende März 1870 auf den schleswig-holsteinischen Austernbänken selbst verfolgen können. Auf dem Wattenmeere hatte über einen Monat hindurch dickes Eis gelegen, denn andauernde östliche Winde hatten das Wasser ausserordentlich niedrig gehalten. Vom 4. Februar bis zum 7. März hatten des Eises wegen keine Austern gefischt werden können. Am 14. Februar wurde das Wasser in der Nähe einer Austernbank am nördlichen Ende der Insel Sylt von der Oberfläche bis an den Grund, 3,5 Meter tief, — 2 Grad kalt gefunden. Auf den flachen Banken waren 7 bis 8 Procent der Austern, die in meiner Gegenwart gefischt wurden, erfroren; auf tieferen, der freien Nordsee näher liegenden Bänken hatte die Kälte nur 2 bis 3 Procent getödtet. Offenbar hatten diese Bänke deshalb weniger Schaden gelitten, weil sie bei jeder Fluth etwas höher temperirtes Wasser aus der offenen See erhielten.

Ich habe Mantel- und Kiemenstücke von Austern im Nordseewasser einfrieren und eine Stunde lang in dem sie einschliessenden Eise bei — 4^0 C. bis 9^0 C. Kälte liegen lassen. Als das Eis wieder geschmolzen war, machten die Flimmerwimpern erst nur schwache Bewegungen; vier Stunden später, als die Temperatur allmählig auf 5° C. gestiegen war, waren ihre Schwingungen wieder stärker. Andere Kiemen- und Mantelstücke, welche drei Stunden in Wasser von — 1° bis 2° Kälte gewesen waren, flimmerten noch am folgenden Tage ziemlich lebhaft.

Hierbei erinnere ich an einen oft übersehenen wichtigen Unterschied zwischen Süsswasser und Salzwasser. Es ist allgemein bekannt, dass Süsswasser am dichtesten und also auch am schwersten ist bei 4° Wärme, woraus sich erklärt, dass sich in tieferen süssen Gewässern während der Frostzeit Wasser von vier Grad Wärme am Grunde ansammelt und dass alles noch kälter werdende Wasser an der Oberfläche bleibt und dort zu Eis erstarrt. Weniger bekannt ist die Thatsache, dass die Dichte und Schwere des Meerwassers so lange zunimmt, so lange es noch kälter wird. Daher sinkt es auch an den Grund, bis es seine Eisbildungstemperatur erreicht hat, welche bei 3 Procent Salzgehalt — 2,28° C. beträgt. So erklärt es sich, dass am Grunde des Wattenmeeres bis 2 Grad Kälte beobachtet wurden, während man in Seen und tieferen Flüssen Norddeutschlands bei der strengsten Kälte stets Wasser von einigen Graden Wärme am Grunde findet.

Wenn endlich das Seewasser von der Oberfläche bis an den Grund seine Erstarrungskälte erreicht hat, so verwandelt es sich doch nicht von oben bis unten gänzlich in Eis, sondern es entstehen dann in höheren und tieferen Schichten desselben kleine Eisplatten; diese steigen sofort an die Oberfläche, weil sie aus salzfreiem Wasser bestehen und daher leichter sind, als das Salzwasser, aus welchem sie herauskrystallisirten. Somit bleiben die Thiere, welche am Grunde der tieferen Theile des Wattenmeeres leben, selbst dann noch von flüssigem Seewasser umgeben, wenn dieses eine Kälte von 2 Grad unter dem Gefrierpunkte des süssen Wassers angenommen hat. An seichten Stellen, die bei Ebbe trocken werden, tödtet jedoch die Frostkälte alle Thiere, welche sich nicht bis zu einer solchen Tiefe in den Sand und Schlick eingraben können, wo das Wasser nicht gefriert, sondern flüssig bleibt. Und da dieses Vermögen nur wenige Arten von Muscheln, Würmern und Krebsen besitzen, so gehören alle bei Ebbe trocken laufenden Sand- und Schlickbänke des Wattenmeeres zu den thier- und pflanzenärmsten Wüsten des Meeresgrundes, die es giebt.

Unsere letzte Untersuchung hat zu dem betrübenden Ergebniss geführt, dass an unsern Nordseeküsten eine einträgliche künstliche Austernzucht nach der französischen Methode nicht möglich ist. Wer sie unseren ungünstigen Fluth- und Temperaturverhältnissen zum Trotz doch durchführen wollte, dem würden seine Zuchtaustern gewiss noch theurer zu stehen kommen, als verschiedenen englischen Austernzüchtern die ihrigen, denn an den englischen Küsten ist der Unterschied zwischen den gewöhnlichen und den Sturmfluthen geringer als in unserem Wattenmeer; die niedrigsten Wasserstände treten dort nicht bei den kältesten Winden ein, wie an den südöstlichen Ufern der Nordsee, und das Klima ist daselbst milder, als an unseren Küsten.

8. Lassen sich natürliche Austernbänke vergrössern und können neue Austernbänke angelegt werden, besonders an den deutschen Küsten?

Die deutsche Austernwirthschaft bleibt also nach wie vor lediglich auf die Austernbänke angewiesen. Auf natürlichen Bänken lebt die Auster seit Jahrtausenden in unsern Küstenmeeren, und da sie noch heute daselbst fruchtbar ist und wohlschmeckend wird, so haben wir uns die wichtige Frage vorzulegen, ob es nicht möglich sei, die vorhandenen Austernbänke zu vergrössern und neue Bänke anzulegen.

Das Wasser des Wattenmeeres hat in der Umgebung der Austernbänke und auf allen Strecken zwischen denselben dieselben Eigenschaften, wie auf den Bänken

---

Erklärung der Abbildung (Fig. 9):

Im Vordergrunde das Wattenmeer mit zwei Tonnen, welche die Richtung des tieferen Fahrwassers bezeichnen. Im Hintergrunde Dünen auf Hörnum, der Südspitze von Sylt.

selbst. Es braucht also nur der Meeresboden neben den natürlichen Bänken für Austern bewohnbar gemacht zu werden, wenn sie sich vergrössern sollen. Alte Bänke nehmen von Natur eine grössere Ausdehnung an, sobald sich der an ihren Grenzen liegende bewegliche und schlickige Meeresboden in festen und reinen Grund verwandelt, was geschehen kann, wenn Veränderungen in der Stärke und Richtung der Fluth- und Ebbeströmungen eintreten. In solchen Fällen lässt sich die Ausdehnung künstlich beschleunigen, indem man auf den festgewordenen Grund Schalen von Austern und anderen Muscheln bringt, um der ausschwärmenden Austernbrut die zweckmässigsten Ansatzkörper über die Grenzen der alten Bank hinaus darzubieten.

Für die Gründung neuer Austernbänke im Gebiete des deutschen Wattenmeeres, wo jetzt keine Austern leben, sind unveränderliche und schlickfreie Bodenstrecken nothwendig, die bei Ebbe wenigstens 1 bis 2 Meter hoch mit Wasser bedeckt bleiben. Fast alle solche Stellen sind aber bereits von Austernbänken eingenommen. Im Jahre 1876 suchten die besten Kenner des schleswig-holsteinischen Wattenmeerbodens, die Tonnenleger, diejenigen Beamten, welche das Fahrwasser für Schiffe durch Tonnen und Baken (Fig. 9 S. 44 und Fig. 1 S. 1) zu bezeichnen haben, nach unveränderlichen Strecken, auf denen noch keine Austernbänke liegen. Aber sie fanden in ihrem ganzen Gebiete nicht mehr als acht feste Stellen, auf denen vielleicht Austern gedeihen konnen.

Es würde gewagt sein, sofort alle diese Stellen mit einer grossen Zahl Mutteraustern zu besetzen, weil es noch zweifelhaft ist, ob sie daselbst den Stamm einer neuen Bank bilden oder untergehen werden. Rathsamer wäre es, zunächst nur auf einer dieser Stellen Austern- und andere Muschelschalen im Mai, also kurz vor der Brutzeit auszustreuen und alsdann einige tausend ausgewachsene Austern über diesen zubereiteten Schalengrund zu verbreiten. Findet man im nächsten Herbst Ansatz junger Brut, so darf man das Experiment noch nicht für gelungen ansehen, sondern erst dann, wenn nach drei bis vier Jahren eine grössere Anzahl halbwüchsiger Austern neben den alten Mutteraustern liegen und wenn diese fortfahren, neue sich ansetzende Brut zu erzeugen.

In allen Theilen des deutschen Wattenmeeres, welche südlich und südwestlich von Schleswig liegen, wird schwerlich eine einzige Stelle zu finden sein, die zur Bildung einer einträglichen Austernbank geeignet wäre. Denn vor den Mündungen der Eider, Elbe, Weser, Jahde und Ems ist der Meeresboden so stark verschlickt oder derartig veränderlich, dass sich Austern auf demselben nicht erhalten und vermehren können.

Als ich im Herbst 1868 das deutsche Küstenmeer von der Eider bis Borkum mit dem Schleppnetze untersucht hatte, schien mir auf dieser ganzen Strecke nur eine einzige Stelle vor der hannöverschen Küste zwischen dem Festlande und der Insel Juist, westlich von Norderney für einen Versuch einigermaassen geeignet zu sein. Auf dieser Stelle in der »Juister Balje« wurden im Frühjahr 1869 fortpflanzungsfähige schleswig-holsteinische Austern in grosser Zahl ausgestreut. Es hat sich jedoch keine Bank daselbst gebildet. Bei einer im Juni 1875 vorgenommenen Untersuchung wurden bei Juist und Borkum nur sieben Austern gefangen, obgleich man drei Tage lang mit dem Schleppnetz fischte. Die

Juister Balje ist also nicht für Austern geeignet. Sie ist zu schlickig und von Miesmuscheln in Beschlag genommen.

Im vorigen Jahrhundert und in der ersten Hälfte des jetzigen verpachtete die hannöversche Regierung die Austernfischerei an ihrer Küste und es wurden Austern hauptsächlich bei Borkum und Juist gefangen; in den Jahren 1841 bis 1846 zusammen 193,684 Stück, im Durchschnitt also jährlich 38,727. Bei einer Revision der Bänke im Jahre 1851 wurden nur sehr wenig Austern gefunden, und 1855 waren die Bänke so verarmt, dass sie niemand pachten wollte. Ihre Erschöpfung war die Folge einer zu starken Befischung und der Verschlechterung des Grundes.

Wer durchaus an der deutschen Nordseeküste von der Eider bis zur Emsmündung Austernbänke anlegen wollte, der müsste sein schwieriges Werk mit einer Umänderung der Fluth- und Ebbeströmungen in dem südlichen Theile der Nordsee anfangen, um seinen Austern einen Boden zu bereiten, auf dem sie gedeihen könnten; denn die Auster einem wandelbaren Sandgrunde und einem schlickigen Boden anzupassen, ist weder der Natur, noch einer Jahrhunderte lang betriebenen Austernzucht gelungen.

Seit Jahrtausenden hat die Natur unzählige junge Austern von den Austernbänken aus über veränderliche Sand- und Schlickbänke verbreitet; aber keine einzige hat ihre Organisation einem solchen Boden angemessen umgewandelt und auf ihre Nachkommen vererbt; sondern sie sind alle zu Grunde gegangen.

Seit dem 16. Jahrhundert werden an der Westküste von Frankreich an beiden Ufern der Seudre-Mündung bei Marennes und La Tremblade einjährige Austern von natürlichen Austernbänken in Teiche versetzt, um sie zu mästen und ihren Geschmack zu verfeinern. Diese Teiche, Claires genannt, sind flache Austiefungen von sehr verschiedener Form und Grösse. Die meisten sind viereckig und ungefähr 2—3000 Quadratmeter gross. Sie liegen unregelmässig nebeneinander und sind durch tiefe Gräben, in welchen das Seewasser in der Zeit der Springfluthen zu- und abfliesst, in Gruppen abgesondert. Der Boden der Teiche ist in der Mitte etwas höher als am Rande. Die Wälle um die Teiche herum bestehen aus der ausgegrabenen Marscherde und sind ungefähr 1 Meter hoch. Durch Einschnitte oder durch hölzerne Röhren in den Wällen stehen die nebeneinanderliegenden Teiche in Verbindung. In den grösseren Abzugsgräben sind Schütze angebracht, durch welche das Wasser von einer Springfluthperiode bis zur andern zurückgehalten werden kann. In diese Teiche versetzt man junge Austern im Herbst, wenn das Fischen auf den Austernbänken im Meere erlaubt ist. Vom August an bis zur Laichzeit des nächsten Jahres nehmen die eingesetzten Austern eine düster dunkelgrüne Farbe an, welche ihren Sitz in dem Zellgewebe des Mantels, der Kiemen, der Leber und des Darmes hat. Den feinen Geschmack, durch welchen die grünen Austern von Marennes in Paris besonders berühmt sind, erlangen sie erst nach 3 bis 4 Jahren. Während dieser Zeit müssen sie oft von dem aufgelagerten Schlick befreit und in andere gereinigte Teiche versetzt werden, wenn sie gesund bleiben sollen.

Die Austern laichen wohl in diesen Mästungsteichen und bisweilen lassen sich auch ihre Schwärmlinge an schlammfreien Gegenständen: an Steinen, Muschelschalen und Holzstücken nieder, allein sie reifen nicht zu einer marktfähigen Nachkommenschaft heran. Einer dreihundert Jahre hindurch in Schlickteichen geübten Aufzucht junger Bankaustern ist es also nicht gelungen, die Auster zu einer Muschel umzubilden, die sich im Schlick erhalten und darin fortpflanzen kann. Die Farbe und den Geschmack des Weichthieres können die Austernzüchter von Marennes und La Tremblade umändern, aber ein Ortsbewegungsorgan, einen Fuss, konnten sie der Auster nicht verschaffen.

In der Ostsee ist vor der deutschen Küste der Meeresboden an vielen ausgedehnten Strecken fest und auch rein von Schlick. Sie besitzt also in dieser Hinsicht eine der wichtigsten Eigenschaften für die Bildung von Austernbänken. Doch sind mehrere Versuche, Austern in das baltische Meer zu verpflanzen, fehlgeschlagen.

Vor der pommerschen Küste wurden 1753, 1830 und 1843 Austern ausgesetzt. Den letzten dieser drei Versuche liess eine Gesellschaft ausführen, zu deren Mitgliedern die Könige von Preussen und Hannover und der Fürst von Putbus gehörten. 50,000 Austern, im nördlichen Kattegat bei Frederikshavn gefischt, wurden im besten Zustande am 6. und 13. April 1843 bei der Greifswalder Oie, südöstlich von der Insel Rügen, ausgesetzt. Bei einer zwei Jahre später angestellten Untersuchung stellte sich heraus, dass sie alle zu Grunde gegangen waren, denn es wurde keine einzige mehr lebend gefunden.

Die viel besprochenen Coste'schen Austernzuchtversuche gaben den Anstoss zu neuen Versuchen, Austern in die Ostsee zu verpflanzen. In der Kieler Bucht, an der Südküste der Insel Laaland, in der Nähe von

Korsör und im Isefjord an der Küste der Insel Seeland wurden fortpflanzungsfähige Austern auf passend erscheinende Gründe versetzt; aber überall ohne den gewünschten Erfolg.

Das Wasser der Ostsee ist für die Fortpflanzung der Austern nicht salzig genug. Oestlich von Rügen enthält es am Grunde nur ein Procent Salze und in höheren Wasserschichten noch weniger, weil die Flüsse sehr viel Süsswasser einführen. Westlich von Rügen kommen am Grunde südlich von dem Grossen Belt bis gegen die mecklenburgische Küste hin zwar bis 3 Procent Salz vor, aber auch hier ist in den oberen Schichten das Wasser überall schwächer gesalzen. Da nun die jungen Schwärmaustern, nachdem sie ihre Mutter verlassen haben, zeitweilig an die Oberfläche steigen, so kommen sie in der Ostsee und sogar noch im ganzen südlichen Theil des Kattegats in Wasserschichten, die weniger als 2 Procent Salz enthalten, während sie eines Salzgehaltes von wenigstens 3 Procent bedürfen, was ich daraus schliesse, dass ein solcher Salzgehalt überall, wo an den europäischen Küsten natürliche Austernbänke bestehen, vorhanden ist. Ausser dem verminderten Salzgehalt hindern die Ausbildung der Austern in der Ostsee sicherlich auch noch zwei andere Eigenschaften dieses Meeres: eine länger andauernde niedrige Wintertemperatur und der Mangel einer regelmässigen Wasserbewegung durch Ebbe und Fluth; denn durch die Gezeitenströmungen werden einem festsitzenden Thiere, wie die Auster ist, in der Nordsee täglich eine grössere Masse Sauerstoff und Nahrung enthaltendes Wasser zugeführt, als in einem weniger regelmässig bewegten Binnenmeere.

Diese chemischen und physikalischen Verschiedenheiten der Ostsee von der Nordsee machen es nicht blos der Auster unmöglich, in der Ostsee zu leben, sondern noch vielen anderen Nordseethieren, von denen ich als einige Beispiele nur den Hummer, den grossen Taschenkrebs (Platycarcinus Pagarus) und den essbaren Seeigel (Echinus esculentus) nennen will.

Wenn zu einer dauernden Ansiedelung der Austern in der Ostsee weiter nichts nöthig wäre, als einige Tausend fortpflanzungsfähige Austern frisch und gesund in sie zu versetzen, warum sollten sich dann nicht auch Hummer, Taschenkrebse, Seeigel und alle anderen Thiere, die neben den Austern in der Nordsee wohnen, also die ganze Fauna der Nordsee-Austernbänke in die Ostsee verpflanzen lassen? Liesse sich das ausführen, so hätte ich längst eine grössere Anzahl Nordseethiere in der Kieler Bucht eingebürgert, um sie zu meinen Untersuchungen und zu Belehrungen der Studirenden stets lebend in der Nähe zu haben.

Versuche, nicht blos Austern, sondern auch andere Nordseethiere in die Ostsee zu verpflanzen, hat die Natur schon sehr oft gemacht. Fast jedes Jahr erscheinen Nordseefische und andere Nordseethiere in der Ostsee, aber sie pflanzen sich hier nicht dauernd fort und verschwinden daher wieder aus ihrer Fauna. Die grosse Sturmfluth am 13. und 14. November 1872 führte die Leuchtthierchen der Nordsee (Noctiluca scintillans) in solchen Scharen in den Kieler Hafen, dass sie dessen Wasser wochenlang leuchtend machten; aber bald waren sie wieder gänzlich verschwunden.

Unter den jetzigen geognostischen und physikalischen Verhältnissen kann die Auster nicht weiter gegen die

Ostsee vordringen, als bis in den südwestlichen Theil des Kattegats; hier bildet die Grenze ihrer eben noch ausreichenden Lebensbedingungen eine Linie, die von Samsöe über die Insel Anholt nach Gothenburg läuft. An dieser äussersten Grenze ihres Fortkommens darf man keine solche Fruchtbarkeit und Ausbildung der Austern erwarten, wie eine kostspielige künstliche Austernzucht, die Gewinn bringen soll, beansprucht. Jede unter das gewöhnliche Mittel gehende Schwankung im Salzgehalt und in der Temperatur des Seewassers würde einer hier betriebenen künstlichen Austernzucht schweren Schaden zufügen.

Dass sich die Austern selbst von ihren Wohnstätten in der Nordsee überall hin verbreiten, wo sie alle äussern Lebensbedingungen vorfinden, beweist ihre selbstständige Einwanderung in den Limfjord im Norden Jütlands. Dieses Gewässer bestand bis zum Jahre 1825 aus einer Anzahl zusammenhängender Brackwasserseen mit einem östlichen Ausflusse in das Kattegat. Im vorigen Jahrhundert machte man vergebliche Versuche, Austern in demselben anzusiedeln. Nachdem aber eine furchtbare Sturmfluth am 3. Februar 1825 den Damm durchbrochen hatte, welcher den westlichen Theil des Limfjords von der Nordsee trennte, wurde das Wasser desselben von Jahr zu Jahr salziger, die darin wohnenden Brackwasser-Pflanzen und -Thiere verschwanden, an ihre Stelle traten Nordseethiere, und unter diesen bemerkte man im Jahre 1851 auch Austern. Sie nahmen von Jahr zu Jahr mehr Grundfläche ein. Um das Jahr 1860 fischte man nur 150,000 Stück, gegenwärtig kennt man 98 Stellen, wo sie sich angesiedelt haben, so dass 1871 bis 1872 schon 7 Millionen ausgewachsene Limfjordaustern nach dem Auslande verkauft werden konnten. Ihre Verbreitung ging sehr schnell. 1851 wurden die ersten gefunden. Wären vorher schon viele da gewesen, so würden sie bei der Grundfischerei gewiss bemerkt worden sein. Das Wasser musste erst 3 Procent Salz aufnehmen, ehe sie einwandern konnten. Angenommen, die ersten erschienen schon 1840, so verbreiteten sie sich in 30 Jahren über einen Grund von 15 Meilen Länge, rückten also jährlich im Durchschnitt um $^1/_2$ Meile oder um mehr als 3700 Meter weiter. Die Bänke des Limfjords sind 1 bis 8 Kilometer von einander entfernt; ihre Länge beträgt 1 bis 7 Kilometer, ihre Breite weniger. Diese Verhältnisse lehren, dass die Austernbrut im Stande ist, sich über Strecken von acht Kilometer Länge fortzubewegen.

Ebenso wie in den Limfjord würden die Austern auch in die Ostsee einwandern, wenn ihr Wasser die Eigenschaften des Nordseewassers annähme. Und dies würde geschehen, wenn die Verbindungen zwischen der Ost- und Nordsee breiter und tiefer würden, als sie gegenwärtig sind. Einst hatten sie eine grössere Breite und Tiefe und daher lebten einst Austern 4 Meilen östlich von dem Punkte, wo jetzt die Stadt Kiel steht. Das beweist die fossile Austernbank bei Waterneversdorf im östlichen Holstein, die mit dem gesammten Boden der westlichen Ostsee mehr als 30 Meter gehoben wurde; durch diese Hebung wurden das Kattegat, die Belte und der Sund flachere und schmälere Strassen für das in die Ostsee einströmende Nordseewasser, als sie in älteren Zeiten waren, in welchen die Austernbank von Waterneversdorf noch Austern erzeugte.

Durch diese Hebung des Meeresbodens vor vielen Jahrtausenden ist der Salzgehalt nur sehr allmälich schwächer geworden. Jahrtausende später, als die Austernbank von Waterneversdorf schon lange Land geworden war, lebten Austern noch in solcher Menge an den Küsten der dänischen Inseln, dass sie den Menschen des Steinalters in diesen Gegenden als Nahrung dienen konnten, denn in den Haufen von Küchenabfällen aus jener Zeit liegen Massen von Austernschalen.

Und da die Austernschalen von Waterneversdorf und aus den Küchenabfällen der Steinzeit mit den heutigen Wattenmeeraustern völlig übereinstimmen; da sie ebenso wie diese von dem Austern-Bohrschwamm (Clione celata) durchlöchert sind, und da mit ihnen Kinkhornschnecken (Buccinum undatum) und andere Thiere des heutigen Wattenmeeres zusammenlebten, so müssen die äusseren Lebensverhältnisse im Meridian der heutigen Ostküste der cimbrischen Halbinsel in jenen Zeiten dieselben gewesen sein, wie jetzt im Westen von Schleswig-Holstein. Die Auster hat im Laufe von wenigstens zehntausend Jahren ihre Lebensthätigkeiten nicht abgeändert; sie hat sich den Veränderungen, welche ihre Wohnstätten in einer so langen Zeit erfuhren, nicht angepasst, sondern sie ist diesen Veränderungen gewichen, obwohl dieselben ausserordentlich langsam vor sich gingen. Und daher wird es auch keiner menschlichen Kunst gelingen, in kurzer Zeit ihre Natur umzubilden und sie an das Wasser der heutigen Ostsee zu gewöhnen.

Ueber die Austernbänke im Limfjord, die Verbreitung der Austern bis in den südlichen Theil des Kattegats und über misslungene Versuche, Austern in der Ostsee anzupflanzen, handeln folgende dänische Schriften:

Jonas Collin, Om Östersfiskeriet i Limfjorden. (Mit einer Karte der Austernbänke. Kopenhagen 1872.)

G. Winther, Om vore Haves Naturforhold med Hensyn til konstig Östersavl og om de i den Henseende anstillede Forsög. Kopenhagen 1876.

F. Krogh, Den konstige Östersavl og dens Indförelse i Danmark. Hadersleben 1870.

In den Archiven der königlichen Regierungen zu Stettin und Stralsund befinden sich die Akten über die 1830 und 1843 angestellten Versuche, Austern an der pommerschen Küste anzusiedeln.

9. Die Altersstufen
und die
Reifefruchtbarkeit der Austern.

Die schönen Hoffnungen, die deutschen Meeresküsten mit fruchtbaren Austernbänken umsäumt und deutsche Austern als »Nahrungsmittel« auf allen Tischen zu sehen, müssen wir also aufgeben. Sowohl die Natur unserer Meere als auch die Natur der Austern zwingen uns dazu. Dieses mit voller Ueberzeugung zu begreifen, wird besonders denen schwer, welche die verbreitete Ansicht theilen, alle Eier, welche die Austern erzeugen, wären dazu bestimmt, reife Thiere zu werden.

Die meisten Thiere, deren Eier und Junge vielen Angriffen und Zerstörungen ausgesetzt sind, legen sehr viel Eier. Am wenigsten Eier und Junge bringen die höchsten Thiere, die Vögel und Säugethiere und solche niedere Thiere hervor, welche ihre Keime so lange schützen und pflegen, bis diese selbst für ihre Erhaltung sorgen können. Wo die Brutpflege ganz fehlt oder nicht lange genug dauert, wird sie in vielen Fällen durch Erzeugung so grosser Mengen von Eiern ersetzt, dass die feindlichen Angriffe, denen die Keime regelmässig ausgesetzt sind, nicht im Stande sind, alle zu vertilgen. Ein gewisser Rest entgeht also der Vernichtung und gelangt zur Reife.

Der Hakenbandwurm des Menschen (Taenia solium) erzeugt nach und nach in seinen achthundert Gliedern gegen vierzig Millionen Bandwurmkeime, und der Spulwurm des Menschen (Ascaris lumbricoides) bildet in seinem Eierstock gegen 60 Millionen Eier. Unter den für diese Würmer normalen Lebensverhältnissen entwickeln sich von diesen ungeheuren Massen von Keimen nur sehr wenige so weit, dass sie wiederum Eier hervorbringen. Und jedermann findet das begreiflich, weil niemand wünscht, dass jene 40 Millionen Bandwurmkeime und jene 60 Millionen Spulwurmkeime alle wieder reife Parasiten werden möchten. Man würde es entsetzlich finden, wenn es geschähe. Dagegen wünscht man lebhaft, es möchten alle Schwärmlinge, welche die Austern aus ihrem Bart ins Meer entlassen, essbar grosse Thiere werden, weil sie ausgewachsen zu den feinsten Delikatessen gehören.

Bei Beobachtungen und Untersuchungen, durch welche wir das Wirken der Natur so kennen lernen wollen, wie es wirklich geschieht, dürfen wir derartigen Wünschen keinen Einfluss auf unser Urtheil einräumen. Wer die Natur gerade da, wo er sich mit ihr beschäftigt, besonders anziehend, schön oder nützlich haben möchte, wird sich von dem Wege der strengen Naturforschung leicht in das dunkle und grenzenlose Gebiet der Naturdeutung verirren.

Die Natur bewirkt an jedem Punkte gerade das, was ihre daselbst zusammentreffenden Kräfte dem Entwicklungszustande der Welt gemäss bewirken müssen. In ihrem grossen Ganzen giebt es keinen Nutzen und keinen Schaden. Angenehm oder widerlich, schön oder hässlich, nützlich oder schädlich erscheinen ihre Wirkungen nur in der Auffassung fühlender und denkender Wesen.

Als die fossile Austernbank, welche jetzt bei Blankenese unterhalb Hamburg 80 Meter hoch über dem Spiegel der Elbe liegt, noch aus lebenden Austern bestand, schadete es nichts, wird man sagen, dass die meisten ihrer Schwärmlinge nicht zur Reife gelangten, weil ja noch keine Menschen da waren, die sie hätten geniessen können. —

Die Austern gehören zu denjenigen Thieren, welche sich nicht durch lange Brutpflege, sondern durch eine bedeutende Keimfruchtbarkeit eine Nachkommenschaft sichern. Sie besitzen die Fähigkeit, so viel Brut zu erzeugen, dass für die abgehenden Alten immer wieder Nachkommen genug gross werden, um den Bestand der Austernbänke zu erhalten, trotzdem Sand, Schlick und ungünstige Temperaturen viele vernichten und andere Mitbewohner des Meeresgrundes sehr viele Junge verzehren, ehe ihre Schalen gross und dick genug sind, um ihnen vor Feinden Schutz zu gewähren.

Die Menge der reifen Nachkommen einer Mutterauster, selbst auf den besten Bänken, wo seit mehr als hundert Jahren die schönsten und fruchtbarsten holsteinischen Austern gefischt werden, ist so gering, dass ich überzeugt bin, niemand würde meinen Worten Glauben schenken, wenn ich ihre Richtigkeit nicht durch Zahlen beweisen könnte.

Die schleswig-holsteinischen Austernbänke wurden im Jahre 1587 von Friedrich II., König von Dänemark und

Herzog von Holstein-Gottorp als Regal in Besitz genommen.[1]) Die Nutzung derselben wurde verpachtet, in der Regel für eine längere Reihe von Jahren. Um einer zu starken Befischung derselben vorzubeugen, liess die Regierung von Zeit zu Zeit die Beschaffenheit der Bänke amtlich untersuchen. In Gegenwart von Abgeordneten der Regierung werden gewöhnlich auf jeder Bank an drei, auf grossen Bänken an sechs verschiedenen Stellen von beeidigten Austernfischern die Austernnetze ausgeworfen und alle gefangenen Austern nach Grösse und Alter in drei Sorten geschieden:

1) in »Zahlbar Gut«,
2) in »Junggut«, und
3) in »jungen Anwachs«.

Unter »Zahlbarem Gut« werden die vollwüchsigen Marktaustern verstanden. Ihre Schalen sind wenigstens 7 bis 9 Centimeter lang und breit; wenn sie geschlossen sind, beträgt ihr grösster Dickendurchmesser mehr als 18 Millimeter. Die gewölbte Klappe ist an dem Schliessmuskeleindruck und unter dem Bande 6 bis 9 Millimeter dick. Die meisten vollwüchsigen Austern sind 7 bis 10 Jahr alt; doch kommen oft auch ältere vor, welche sich von den jüngeren durch eine bedeutendere Dicke der Schale unterscheiden. Ueber zwanzig Jahre alte sind selten. Die ältesten, welche in meine Hände gekommen sind, schätze ich auf 25 bis 30 Jahr. Ihre gewölbte Schalenklappe war unter dem Bande und am Schliessmuskeleindruck 20 bis 25 Millimeter dick.

Das »Junggut« besteht aus halbwüchsigen Austern, deren Schalen im geschlossenen Zustande höchstens 16 bis 18 Millimeter Dicke haben. Die einzelnen Klappen sind unter dem Band und am Schliessmuskeleindruck höchstens 5 Millimeter dick. Ihre Breite beträgt meistens weniger als 9 Centimeter. Sie sind aussen reiner als die älteren Austern, auf welchen gewöhnlich Thiere und Pflanzen sitzen.

»Jungen Anwachs« nennt man die kleinen und dünnen Austern, die nicht älter sind, als ein bis zwei Jahr (Fig. 8 S. 27).

In den Besichtigungsprotokollen wird verzeichnet, wie viel Stück »zahlbar Gut« und wie viel Stück »Junggut« in jedem Netzzug gefangen wurden. Der »Junge Anwachs« wird nicht gezählt, sondern es wird in den Protokollen nur angegeben, ob wenig oder viel bemerkt worden sei.[2])

In der Zeit von 1730 bis 1852 wurden zehn Besichtigungen aller Austernbänke des schleswig-holsteinischen Wattenmeeres ausgeführt. Stellt man die Summe alles zahlbaren Gutes und alles Junggutes dieser Besichtigungen nebeneinander, so hat man eine Sammlung sehr verschiedener Zahlengrössen vor sich, welche keine herrschende Regel verrathen. Berechnet man aber aus diesen Zahlen das Verhältniss des zahlbaren Gutes zu dem Junggut für jede einzelne Besichtigung, so ergiebt sich das überraschende Resultat, dass dieses Verhältniss bei allen Besichtigungen nur geringen Schwankungen unterliegt.

Die folgende Tabelle giebt eine Uebersicht der Summen des zahlbaren Gutes und des Junggutes, welche in jenen zehn Besichtigungen mit einander gefangen wurden. Aus diesen Summen habe ich berechnet, wie viel Stück Junggut auf 1000 Stück zahlbares Gut bei jeder Besichtigung fallen.

Besichtigungs-jahr.	Summe des zahlbaren Gutes.	Summe des Junggutes.	Verhältniss des zahlbaren Gutes zum	Jung-gut.
1730	5394	2602	1000	486
1734	16770	5205	1000	310
1740	7185	3007	1000	418
1756	6793	3333	1000	490
1795	2078	1006	1000	484
1799	2705	831	1000	307
1819	2828	1087	1000	388
1830	1956	797	1000	417
1839	3272	1552	1000	440
1852	3534	1673	1000	473
		Gesammtsumme:	10000	4213
		Mittelzahl:	1000	421,3

Zwei der grössten und reichsten schleswig-holsteinischen Austernbänke, die Bank Huntje und die Bank Steenack lieferten in zehn Besichtigungen folgende Mengen zahlbares Gut und Junggut:

Besichtigungs-jahr.	Huntje.		Steenack.	
	Zahlbar Gut.	Junggut.	Zahlbar Gut.	Junggut.
1730	355	164	158	69
1734	1353	874	465	90
1740	323	158	26	110
1756	736	99	149	35
1771	931	66	607	197
1795	87	461	261	106
1799	183	119	236	56
1819	363	173	53	79
1830	40	3	11	4
1852	128	64	116	58
Summe:	4499	2181	2082	804
Verhältniss:	1000	484	1000	385

Es steht also auf einzelnen Bänken die Summe des Junggutes zur Summe des zahlbaren Gutes in einem ähnlichen Verhältniss, wie im Durchschnitt auf allen Bänken zusammen.

Durch diese Aehnlichkeit der Zahlen-Verhältnisse zwischen dem zahlbaren Gut und Junggut in verschiedenen Jahren und auf verschiedenen Bänken wird ein Naturgesetz offenbar, das ist unzweifelhaft.

Das Junggut einer Austernbank besteht aus den Nachkommen des zahlbaren Gutes. Es ist die Zahl derjenigen Schwärmlinge, die sich trotz aller Angriffe auf ihr Leben zu halbwüchsigen Austern ausbildeten. Das Junggut ist die Gesammtheit der herangewachsenen Keime der Bank.

Tausend ausgewachsene Austern erzeugen, wie ich oben im 2. Kapitel gezeigt habe, in einer Brutperiode wenigstens 440 Millionen Schwärmlinge; aber neben 1000 ausgewachsenen Austern liegen im Durchschnitt nicht mehr als 421 halbwüchsige. Es gehen also in der Regel für jede einzelne holsteinische Auster, die auf den Tisch kommt, mehr als 1,045,000 junge Schwärmaustern zu Grunde. Ja sicherlich noch mehr! Denn nicht blos die vollwüchsigen, über 6 Jahre alten Austern legen Eier, sondern schon zwei- und dreijährige fangen an, sich fortzupflanzen. Erzeugen die jüngeren Austern auch viel weniger Eier, als die vollwüchsigen, so schätze ich doch die Zahl der Schwärmlinge auf 60 Millionen, welche in einer Brutperiode von den auf 1000 vollwüchsige Austern kommenden halbwüchsigen entspringen, so dass also auf einer Austernbankfläche, welche von 1000 vollwüchsigen und 421 halbwüchsigen Austern bewohnt wird, im Laufe eines Sommers wenigstens 500 Millionen junge Austern ausschwärmen. Und von dieser ungeheuren Summe gelangen im Durchschnitt nur 421 Stück zur Reife! —

Die Opferung einer grossen Menge junger Keime ist das Mittel der Natur, wenigen Keimen die Reife zu sichern.

Um die Begriffe Keimfruchtbarkeit und Reifefruchtbarkeit verständlicher zu machen, will ich sie zur Vergleichung auch auf die Menschen anwenden.

Nach Wappäus[3]) werden auf 1000 Menschen 34,7 geboren. Von 1000 Menschen erreichen nach Böckh[4]) 554 das Alter der Reife, nämlich das zwanzigste Jahr oder ein höheres Alter; also werden durchschnittlich 34,7 Kinder von 554 geschlechtsreifen Menschen erzeugt oder von 1000 geschlechtsreifen Menschen 62,6 Keime.

Da 1000 vollwüchsige Austern 440 Millionen Keime hervorbringen, so verhält sich die Keimfruchtbarkeit der Austern zur Keimfruchtbarkeit der Menschen wie 440,000,000 zu 62,6 oder wie 7,028,754 zu 1. Dagegen ist die Reifefruchtbarkeit des Menschen 579,002mal so stark als die Reifefruchtbarkeit der Austern; denn von 1000 Menschenkeimen (Neugebornen) erreichen 554 das Reifealter, von 440 Millionen neugebornen Menschen also 243,760,000; während von 440 Millionen Austern nur 421 vollwüchsig werden. 421 verhält sich aber zu 243,760,000 wie 1 zu 579,002.

Ich bin vollkommen überzeugt, dass diese Zahlen die Reifefruchtbarkeit der Austern günstiger darstellen, als sie wirklich ist, weil auf tausend ausgewachsene Austern im Durchschnitt gewiss viel mehr als 440 Millionen Schwärmlinge fallen.

Die Richtigkeit meines Beweises einer sehr geringen Reifefruchtbarkeit der Austern gegenüber ihrer erstaunlich grossen Keimfruchtbarkeit wird durch viele Erfahrungen der französischen und englischen Austernwirthschaft bestätigt. Im Jahre 1870 wurde in der Themsemündung nördöstlich von Whitstable eine kleine Austernbank entdeckt. Sie war ungefähr 18 Meter lang und 6 Meter breit. Achtundvierzig Stunden nachher gingen daselbst 75 Böte auf und nieder, eines dicht neben dem andern, um die Austern wegzufischen. Auf jede alte Auster die gefangen wurde, kamen nur neun bis zehn junge Austern aller verschiedenen Alterstufen. Diese Bank hatte noch kein Mensch berührt. Die Austerngesellschaft befand sich also in ihrem natürlichen Zustande.

Wer die geringe Reifefruchtbarkeit der Austern nicht kennt, und nur an ihre ungeheure Keimfruchtbarkeit denkt, wird die natürlichen Austernbänke für unerschöpflich halten. Man hat auch wirklich geglaubt, dass dem Bestande einer Bank kein Schaden zugefügt werde, wenn man Millionen auf Millionen Austern davon entferne; denn man dachte, den Netzen der Fischer würden überall so viel Mutteraustern entgehen, als nöthig seien, um die weggefischten alten durch eine reichliche Zahl von nachwachsenden Schwärmlingen wieder zu ersetzen.

Von diesem Standpunkt aus gab man in England die Austernfischerei im Jahre 1866 völlig frei. Aber die Folge der schonungslosen Befischung der Austernbänke war überall eine schnelle Verarmung derselben, wofür die amtlichen Berichte über Austernfischerei in Frankreich und England eine Menge Belege enthalten.

Bei Falmouth betrieben nach der Aussage des

Mr. Webber, Mayors von Falmouth, 700 Mann mit 300 Böten lohnende Austernfischerei, so lange die alten Schongesetze befolgt wurden. Seitdem man diese ausser Kraft gesetzt hat (im Jahre 1866) sind die Bänke so sehr verarmt, dass jetzt (1876) nur noch 40 Mann mit weniger als 40 Böten Austern fischen, und keines fängt täglich mehr als 60 bis 100 Stück, während früher jedes Boot in derselben Zeit 10,000 bis 12,000 Stück fischte.

Eine vor der englischen Küste bei Dudgeon Light liegende Austernbank, die eine ungeheure Menge Austern enthielt, unter denen viele sehr alte waren, wurde nach ihrer Entdeckung in den dreissiger Jahren im Laufe von 3 bis 4 Jahren sehr stark befischt und hat nachher keine nennenswerthe Zahl von Austern mehr geliefert.

In dem Hafen von Emsworth waren in den vierziger Jahren dieses Jahrhunderts so viel Austern, dass ein Mann in einer Tide (in fünf Stunden) 15 bis 20 Tub (jedes zu 1600 Stück) fischen konnte. Später kamen 70 bis 100 Fahrzeuge von Colchester dahin und fischten zwei bis drei Wochen lang so viel alte und junge Austern weg, dass im Jahr 1858 dort kaum noch zehn Fahrzeuge ihren Lohn fanden; und 1868 waren die Bänke derart verarmt, dass ein Fischer in 5 Stunden nicht mehr als 20 Austern zusammenschrapen konnte. So berichtete Mr. Messum, Austernhändler und Sekretär einer Austern-Compagnie in Emsworth vor der Commission zur Untersuchung der britischen Austernfischereien am 1. Mai 1876.

Auf den Bänken der Quartiere Rochefort, Marennes und Ile d'Oléron an der Westküste von Frankreich wurden 1853—54 10 Millionen Austern gefischt,

1854—55 15 Millionen. Durch fortdauernde starke Befischung wurden sie bald so arm, dass sie 1863—64 nur noch 400,000 Austern auf den Markt lieferten.

Die berühmten reichen Austernbänke in der Bai von Cancale (an der Küste der Normandie) gaben nach amtlichen Berichten folgende Summen Austern:

Jahr.	Zahl der Austern.	Jahr.	Zahl der Austern.
1800	1,200,000	1828	33,000,000
1801	1,500,000	1829	31,000,000
1802	1,300,000	1830	36,000,000
1803	900,000	1831	42,000,000
1804	1,400,000	1832	38,000,000
1805	800,000	1833	41,000,000
1806	500,000	1834	46,000,000
1807	1,090,000	1835	43,000,000
1808	1,800,000	1836	40,000,000
1809	1,200,000	1837	36,000,000
1810	700,000	1838	44,000,000
1811	1,130,000	1839	42,000,000
1812	1,100,000	1840	52,000,000
1813	600,000	1841	56,000,000
1814	400,000	1842	63,000,000
1815	800,000	1843	70,000,000
1816	2,400,000	1844	68,000,000
1817	5,600,000	1845	67,000,000
1818	5,300,000	1846	65,000,000
1819	6,800,000	1847	71,000,000
1820	6,700,000	1848	60,000,000
1821	6,000,000	1849	52,000,000
1822	11,800,000	1850	50,000,000
1823	18,000,000	1851	47,000,000
1824	20,000,000	1852	20,000,000
1825	20,000,000	1853	49,000,000
1826	25,000,000	1854	20,000,000
1827	28,000,000	1855	20,000,000

Jahr.	Zahl der Austern.	Jahr.	Zahl der Austern.
1856	18,000,000	1863	2,090,000
1857	19,000,000	1864	2,200,000
1858	24,000,000	1865	1,100,000
1859	16,000,000	1866	1,960,000
1860	8,000,000	1867	2,000,000
1861	9,000,000	1868	1,079,000
1862	3,000,000		

Die Besichtigungsprotokolle der schleswig-holsteinischen Austernbänke haben den Schlüssel zur Erklärung einer solchen Verarmung dieser reichen Austernbänke geliefert. Von 1800 bis 1815 hatte man jährlich weniger als 2 Millionen Austern auf den Bänken von Cancale gefischt. So konnte sich ein grosser Vorrath marktfähiger und laichender Austern ansammeln, dessen stärkere Ausnutzung erst im Jahre 1822 anfing. Wenn die französischen Austern eben so lange leben, wie die schleswig-holsteinischen, so werden bis gegen das Ende der zwanziger Jahre noch Vorräthe aus der Ruhezeit der Napoleonischen Kriege auf den Bänken gelegen haben. Von da an lieferten wahrscheinlich nur die Generationen der zwanziger Jahre und dann der folgenden Jahrzehnte die immer reicheren Ernten.

Von 1840 bis 1847 waren die Summen der gefangenen Austern ausserordentlich gross; offenbar zu gross für die Reifefruchtbarkeit der Bänke, weil diese nachher von Jahr zu Jahr immer weniger Austern lieferten. Die Gesammtsumme der Austern, die 1840 bis 1847 dort gefischt wurden, beträgt 512 Millionen; auf jedes dieser Jahre kommen durchschnittlich also 64 Millionen. Stellt diese Durchschnittszahl den natürlichen Vorrath marktfähiger, vollwüchsiger Austern auf den Bänken von Cancale dar, so hätte man jährlich nicht mehr als 26 bis 27 Millionen fischen dürfen, wenn man ihnen diesen Grad von Ertragfähigkeit auf die Dauer erhalten wollte. Dieses behaupte ich unter der Voraussetzung, dass die Reifefruchtbarkeit der Austern in der Bucht von Cancale nicht grösser war, als auf den schleswig-holsteinischen Bänken. Stieg sie dort höher als in unserm Wattenmeere, kamen bei Cancale auf 1000 vollwüchsige Austern nicht 421, sondern z. B. 500 halbwüchsige, so hätte man bei einer Anwesenheit von 64 Millionen marktfähiger Austern jährlich bis 32 Millionen entfernen dürfen, aber nicht mehr, wenn die Bänke denjenigen Grad von Keimfruchtbarkeit behalten sollten, welcher unentbehrlich war, um 32 Millionen Austernkeimen zum Ersatz der jährlichen Ernte die Reife zu sichern.

Nach der Verarmung der Bänke von Cancale sorgten die Aufsichtsbehörden für eine genaue Befolgung der Schonungsgesetze; sie erlaubten nicht mehr, dass alle marktfähigen Austern entfernt wurden; auf manchen ist daher schon eine bedeutende Vermehrung der Austern wieder eingetreten; denn

1872—73	wurden	7,300,000	gefischt,
1873—74		9,056,000,	
1874—75		9,342,000	Stück.

Austernbänke schonen, heisst einen Vorrath von vollwüchsigen Austern zur Fortpflanzung auf ihnen liegen lassen. Wie gross dieser Vorrath sein muss, ist nach der Reifruchtbarkeit der Austern jedes Gebietes oder noch besser jeder einzelnen Bank zu bestimmen.

Nach den Erfahrungen der Austernfischer ist die grösste der schleswig-holsteinischen Austernbänke, die Bank Huntje, am fruchtbarsten. Ihre Reifefruchtbarkeit beträgt 484 pro Mille, ist also grösser als die mittlere Reifefruchtbarkeit der gesammten schleswig-holsteinischen Austernbänke.

Die Reifefruchtbarkeit kleinerer Bänke bleibt unter dem Mittel von 421 pro Mille zurück. So beträgt z. B. die Reifefruchtbarkeit der Bänke

Steenack	385	pro	Mille
Hörnum	319	„	„
Westen Amrum	165	„	„

Diese Bänke sind nur 1000 bis 1050 Meter lang und gegen 300 Meter breit, während die Huntje über 3100 Meter lang und gegen 1200 Meter breit ist.

Die schnelle Ausbreitung der Austern im Limfjord hat gelehrt, dass die Schwärmlinge derselben 4 bis 8 Kilometer weit wandern können, ehe sie sich niederlassen. Hat eine Austernbank eine geringe Ausdehnung, so sind die Schwärmlinge der Gefahr, über die Grenzen ihrer Bank hinauszuschwimmen, und auf unpassenden Grund zu gerathen, in einem höheren Grade ausgesetzt, als auf einer grossen Bank.

Von gleichen Mengen ausschwärmender Keime werden grösseren Bänken mehr erhalten als kleineren, und wenn auf beiden alle sonstigen Lebensverhältnisse gleich sind, so muss auf ausgedehnteren Bänken eine grössere Zahl das Junggutalter erreichen, als auf kleineren Bänken.

[1]) Den offenen Brief, durch welchen der König-Herzog Friedrich II. die Austernbänke des Wattenmeeres vor der schleswig-holsteinischen und jütischen Küste in Besitz nahm, hat H. Kröyer in seiner Schrift: De danske Östersbanker, Kjöbenhavn 1837, S. 110 abgedruckt. Ins Deutsche übersetzt, lautet er also:

«Wir Friedrich u. s. w. thün Allen kund und zu wissen: Nachdem wir in Erfahrung gebracht, dass in der Westsee im Riber Lehn eine Art Fisch, Osterling genannt, gefunden und gefangen werden soll, so haben wir unserm lieben Albert Friis, Vor-Raths- und Amtmann auf unserm Schlosse zu Ribe befohlen, dass er diese Art Fisch in unserem Namen fangen lasse und uns zuschicke; und auf dass nicht künftighin Mangel derselben entstehe, so verbieten wir Allen und Jedem, wer es auch sei, Osterlinge daselbst zu fangen oder fangen zu lassen, mit Ausnahme Derjenigen, welche es in unserm Namen auf Befehl unsers Lehnsmannes zu Ribe thun. Sobald Jemand sich erdreistet, hiegegen zu handeln und er desselben rechtlich überwiesen werden kann, so soll er gestraft werden, wie es sich gebührt. Hiernach hat sich Jeder zu richten und vor Schaden in Acht zu nehmen.

Geschehen zu Skanderborg, den 4. Februar 1587.»

[2]) Die angeführte Kröyer'sche Schrift enthält eine tabellarische Uebersicht der Mengen zahlbaren Gutes und Junggutes der amtlichen Besichtigungen, welche von 1709 bis 1830 statt fanden. Diese Uebersicht und ausserdem Tabellen, die ich der Königlichen Regierung zu Schleswig verdanke, lieferten mir die Zahlen, aus welchen ich die Verhältnisse zwischen vollwüchsigen und halbwüchsigen Austern berechnete.

Die Besichtigungen vor dem Jahre 1730 habe ich unberücksichtigt gelassen, theils weil im Anfange des 18ten Jahrhunderts eine Anzahl Bänke noch unbekannt waren, theils weil die Zahlen über die ersten 5 Besichtigungen (1769—1728) keinen zuverlässigen Eindruck machen.

In den Jahren 1869 bis 1876 habe ich selbst an sechs amtlichen Besichtigungen Theil genommen. Die Ergebnisse derselben werde ich später mittheilen.

[3]) Wappäus, Handbuch der Geographie und Statistik. Bd. I. 1855. Abth. 1 S. 197.

[4]) R. Böckh, Sterblichkeitstafel für den Preussischen Staat im Umfange von 1865. Jena 1875.

[5]) Die statistischen Mittheilungen über englische und französische Austernfischerei entnahm ich theils eigenen Aufzeichnungen bei meinem Besuch der französischen und englischen Küsten, theils zwei amtlichen englischen Berichten: 1) Report on the Oyster and Mussel Fisheries of France made to the Board of Trade by Cholmondeley Pennel, Inspector of Oysterfisheries, London 1868; 2) Report from the select Commission on Oyster Fisheries; 1876.

Diesen Berichten sind Uebersichten über die Erträge der französischen Austernfischerei angefügt, welche den Berichterstattern von den französischen Marine- und Fischereibehörden eingehändigt wurden.

10. Eine Austernbank ist eine Biocönose oder Lebensgemeinde.

Die Verarmungsgeschichte der französischen Austernbänke ist sehr lehrreich. Als die Bänke von Cancale durch schonungslose Ueberfischung von Austern fast ganz entblösst waren, nahmen Herzmuscheln (Cardium edule) ihre Stelle ein, und auf den erschöpften Bänken bei Rochefort, Marennes und Ile d'Oléron erschienen Scharen von Miesmuscheln (Mytilus edulis).

Die Gebiete der Austernbänke sind nicht von Austern allein bewohnt. Im schleswig-holsteinischen Wattenmeere und auch in den Mündungen englischer Flüsse, wie ich selbst beobachtete, sind die Austernbänke die thierreichsten Stellen des Meeresbodens. Wenn die Austernfischer ein volles Netz auf dem Deck des Fahrzeuges ausschütten, so arbeiten sich aus dem Haufen von Austernschalen und lebenden Austern behende Taschenkrebse (Carcinus maenas) und langsame Hörnerkrebse (Hyas aranea) hervor und suchen nach Wasser. Abgeriebene Schneckenhäuser fangen an sich zu regen, weil die Einsiedlerkrebse (Pagarus bernhardus), welche in ihnen Wohnung nahmen, Versuche machen, mit ihrer Behausung davon zu kriechen. Wellhornschnecken (Buccinum undatum) strecken ihren Körper so weit sie nur können, aus der Schale hervor und drehen ihn mit allen Kräften bald nach der einen, bald nach der andern Seite, um sich wieder in's Wasser zu rollen. Rothe Seesterne mit fünf breiten Armen (Asteracanthion rubens) liegen platt am Boden und kommen nicht von der Stelle, obwohl sie Hunderte von schlauchförmigen Füsschen in Bewegung setzen. Seeigel von der Grösse kleiner Aepfel, starrend von grünlichen Stacheln (Echinus miliaris) ruhen regungslos in dem Haufen. Hier und da schlüpft ein bläulich schillernder Ringelwurm (Nereis pelagica) unter der theils todten, theils lebenden Masse hervor. Schwarze Miesmuscheln (Mytilus edulis) und weisse Herzmuscheln (Cardium edule) liegen fest geschlossen wie die Austern da. Selbst die Schalen der lebenden Austern sind bewohnt. Austernpocken, (Balanus crenatus) mit zeltförmigen Kalkschalen und rankenförmigen Füssen, bedecken manchmal die ganze Oberfläche einer ihrer Klappen. Sehr oft sind sie mit spannenlangen gelblichen Klunkern behängt, deren jede eine Gemeinschaft von Tausenden kleiner Gallert-Moosthiere ist (Alcyonidium gelatinosum), oder sie sind von einem gelblichen Schwamm überzogen, (Halichondria panicea), dessen weiches Gewebe feine Kieselnadeln enthält. Auf manchen Bänken sind sie mit dicken Klumpen von Sand beschwert, den kleine Röhrenwürmer, sogenannte Sandrollen (Sabellaria anglica) durch ihren Hautschleim orgelpfeifenartig zusammenkitten, um auf einer festen Unterlage gesellig neben einander zu wohnen.

Auf einigen Bänken bei der Südspitze von Sylt, wo sich die wohlschmeckendsten Austern unseres Wattenmeeres ausbilden, wachsen auf Austern-Schalen Röhrenwürmer (Pomatoceros triqueter), deren weisse, dreikantige Kalkröhre oft wie ein grosses lateinisches S gekrümmt ist. Hier tragen die Schalen vieler Austern auch sogenannte Seehände (Alcyonium digitatum), das sind weisse oder gelbe Polypenstöcke von der Grösse und Form eines plumpen Handschuhes.

Oft auch sind die Schalen der Austern mit braunem Rasen überzogen, der aus baumförmigen Polypen (Eudendrium rameum und Sertularia pumila) besteht, oder mit Büscheln gelblicher, fast fingerlanger Röhrchen bewachsen, an deren Enden röthliche Polypen sitzen. (Tubularia indivisa). Ueber diese Polypen hinaus ragen längere Bäumchen, welche licht- gelbliche oder bräunliche, glänzende Polypenkelche tragen (Sertularia argentea).

Sogar in der Kalkmasse der Schalen siedeln sich Thiere an. Sehr oft sind sie von aussen bis zur innersten Schicht hin, an welcher der Mantel der lebenden Auster liegt, von einem Bohrschwamm (Clione celata) durchlöchert; und in den Zwischenräumen der Schalenschichten alter Austern verkriecht sich ein grünlichbraunes Borstenwürmchen (Dodecaceraea concharum), das zwölf lange Fühlfäden im Nacken trägt. Ich habe einmal alle Thiere, die auf zwei Austern sassen, einzeln abgenommen und gezählt. Auf der einen wohnten 104 und auf der andern 221 Thiere dreier verschiedenen Arten.

Auch Fische bringt das Austernnetz zuweilen mit

herauf, obgleich es wenig geeignet ist, diese einzufangen. Schollen (Platessa vulgaris); die sich durch Aufschnellen aus dem Schiffe wieder ins Wasser zu retten suchen, oder Steinpicker (Aspidophorus cataphractus) und Nagelrochen (Raja clavata), die mit dem Schwanze um sich schlagen, sind auf den Austernbänken häufig.

Ausser den angeführten Thieren leben daselbst aber noch viele Arten grösserer Thiere, die weniger massenhaft in die Netze gerathen, und verborgen zwischen den grösseren leben eine Menge kleiner Thierchen, die man nur mit Vergrösserungsgläsern, mit Lupen und Mikroskopen, sehen kann.

Pflanzen wachsen wenig auf den Austernbänken. Seegras (Zostera marina) hat sich nur auf einer einzigen Bank des Wattenmeeres über die Lagerstätte der Austern verbreitet. Auf einigen Bänken findet man rothbraune Algen (Florideen). In dem Wasser, welches über die Austernbänke läuft, schweben mikroskopische Bandalgen (Desmidieen) und Spaltalgen (Diatomaceen), welche den Austern als Nahrung dienen.

Wirft man das Schleppnetz im Wattenmeere an Bodenstrecken aus, die zwischen den Austernbänken liegen, so fängt man viel weniger Thiere, und man erhält auf schlickigem Grunde andere Arten, als auf Sandgrund.

Jede Austernbank ist gewissermassen eine Gemeinde lebender Wesen, eine Auswahl von Arten und eine Summe von Individuen, welche gerade anf dieser Stelle alle Bedingungen für ihre Entstehung und Erhaltung finden, also den passenden Boden, hinreichende Nahrung, gehörigen Salzgehalt und erträgliche und entwicklungsgünstige Temperaturen.

Jede daselbst wohnende Art ist durch die grösste Zahl von Individuen vertreten, die sich den vorhandenen Umständen gemäss ausbilden konnten; denn bei allen Arten ist die Zahl der ausgereiften Individuen jeder Fortpflanzungsperiode kleiner, als die Summe der erzeugten Keime war.

Die Gesammtheit der herangewachsenen Individuen aller in einem Gebiet zusammenwohnenden Arten ist der übriggebliebene Rest aller Keime der vorhergegangenen Brutperioden. Dieser Rest der ausgereiften Keime ist ein gewisses Quantum Leben, welches in einer gewissen Summe von Individuen auftritt und welches, wie alles Leben, durch Fortpflanzung Dauer gewinnt.

Die Wissenschaft besitzt noch kein Wort für eine solche Gemeinschaft von lebenden Wesen, für eine den durchschnittlichen äusseren Lebensverhältnissen entsprechende Auswahl und Zahl von Arten und Individuen, welche sich gegenseitig bedingen und durch Fortpflanzung in einem abgemessenen Gebiete dauernd erhalten. Ich nenne eine solche Gemeinschaft Biocoenosis*) oder Lebensgemeinde.

Jede Veränderung irgend eines mitbedingenden Faktors einer Biocönose bewirkt Veränderungen anderer Faktoren derselben. Wenn irgend eine der äussern Lebensbedingungen längere Zeit von ihrem früheren Mittel abweicht, so gestaltet sich die ganze Biocönose um; sie wird aber auch anders, wenn die Zahl der Individuen einer zugehörigen Art durch Einwirkungen des Menschen sinkt oder steigt, oder wenn eine Art

*) Von βίος, das Leben, und κοινόειν, etwas gemeinschaftlich haben.

ganz ausscheidet oder eine neue Art in die Lebensgemeinde eintritt.

Als grosse Mengen Austern von den reichen Bänken bei Cancale, Rochefort, Marennes und d'Oléron entfernt waren, standen den Schwärmlingen der dort lebenden Herzmuscheln und Miesmuscheln mehr Wohnplätze und mehr Nahrung zur Verfügung als vorher, und so gelangten sie in grösserer Anzahl zur Reife als in früheren Zeiten. Die Biocönose jener französischen Austernbänke wurde also durch Ueberfischung gänzlich verändert. Ehe nicht die Zahl der Herzmuscheln und Miesmuscheln wieder auf ihren früheren geringen Bestand zurück gebracht worden ist, können sich daselbst Austern nicht wieder in solchen Mengen wie ehemals ausbilden, weil der Boden bereits besetzt ist und andere Muscheln die Nahrung wegnehmen.

Die Biocönose lässt sich zu Gunsten der Austern umgestalten durch Wegfischen der erwachsenen Herz- und Miesmuscheln und durch gleichzeitige Schonung der Austern, damit deren Schwärmlinge die freiwerdenden Wohnplätze sofort wieder in Besitz nehmen.

Raum und Nahrung gehören zu den ersten Grundlagen jeder Lebensgemeinde, auch einer Lebensgemeinde im grossen Meere. Austernbänke bilden sich nur auf festem, schlickfreiem Grunde. Lassen sich hier die Austernschwärmlinge dicht neben einander nieder, wie auf den künstlichen Sammelkörpern in der Bucht von St. Brieuc geschah, so stossen ihre wachsenden Schalen bald zusammen und verkrüppeln, und ihr Wachsthum schreitet sehr langsam fort, weil jeder einzelnen Auster weniger Nährstoffe zufliessen, wenn sie in Haufen dicht beisammensitzen, als wenn sie zerstreut liegen.

In einem Austernzuchtteich auf der Insel Hayling in Süd-England sah ich im Mai 1869 dreijährige Austern, die sich als Schwärmlinge auf Hürden niedergelassen hatten. Fast alle hatten verbogene Schalen, welche nicht grösser waren als 2 bis 3 Centimeter, während eine dreijährige holsteinische Auster 5 bis 6,5 Centimeter breit ist. Offenbar waren sie deshalb so klein geblieben, weil sie in dem Zuchtteiche täglich weniger Nahrung erhielten, als Austern im freien Meere.

In Arcachon müssen die Austernzüchter die Austern von den Brutsammlern ablösen, um sie in Kasten und dann in Teichen gross zu ziehen. In diesen dürfen sie nicht zu eng bei einander liegen, wenn sie gut wachsen sollen. Selbst auf den besten Austernbänken bleiben die Austern mager, wenn sie zu dicht liegen. Fischt man einen Theil solcher schlechtgenährten Austern weg, so werden die zurückgelassenen, wie man auf der Huntje, der grössten und fruchtbarsten der schleswig-holsteinischen Bänke erfahren hat, bald fetter, d. h. ihre Geschlechtsdrüsen nehmen einen grösseren Umfang an, weil in ihnen mehr Eier oder Befruchtungsfäden entstehen, als in mageren Austern.

Ueberschreitet also einmal eine Austernbank ihre mittlere Reifefruchtbarkeit, so erhält jede einzelne der übermässigen Menge ihrer voll- und halbwüchsigen Austern keine hinreichende Nahrung, um ein volles Maass von Keimen zu erzeugen, wodurch die Keimfruchtbarkeit und also auch die Reifefruchtbarkeit der ganzen Bank bald wieder auf ihren gewöhnlichen Stand zurückgebracht wird.

Da diese Erscheinung auch auf der fruchtbarsten schleswig-holsteinischen Austernbank eintritt, deren Reifefruchtbarkeit 484 auf 1000 erreicht, während sie im Durchschnitt für alle Bänke nur 421 auf 1000 beträgt (S. 62), so ist eine Reifefruchtbarkeit von 484 auf 1000 wohl die höchste, welche Austern unter den biocönotischen Verhältnissen unseres Wattenmeeres dauernd erreichen können.

Bei Auray in der Bretagne sammeln die Austernzüchter viel mehr Austernbrut, als sie gross ziehen können; dazu fehlt ihnen der Raum und die Nahrung. Finden sie für ihre jungen Austern keine Abnehmer, die sie in nahrungsreichem Wasser bis zur Marktgrösse ausbilden können, so bleibt der Gewinn ihrer Austernzucht aus.

Es geht also mit den Austern gerade so, wie mit andern Thieren. Die Zunahme ihrer Masse hängt von der Menge der Nahrung ab, die sie erhalten und verarbeiten.

Die jütischen Bauern züchten viel junges Rindvieh, aber um alle ihre Kälber aufzuziehen und fett zu machen, fehlt ihnen das Futter, und sie verkaufen daher viel Jungvieh an die Marschbauern der schleswig-holsteinischen Westküste, die es auf ihren Futterweiden gross ziehen und mästen.

Zu dem adligen Gute Hagen bei Kiel gehört ein über 80 Hektar grosser Karpfenteich, der je drei Jahre trocken liegt und während dessen mit Hafer und Klee bebaut wird. Dann staut man das Wasser und setzt 30,000 einjährige Karpfen hinein, welche nach drei Jahren in der Regel 40,000 Pfund Speisefische liefern.

Um einen noch grösseren Ertrag zu erzielen, setzte man einmal mehr als 30,000 junge Karpfen in den Teich. Nach drei Jahren lieferte derselbe wohl eine grössere Zahl Fische als früher, aber alle zusammengenommen wogen doch nicht mehr als 40,000 Pfund. Das Quantum Nahrung, welches der Teich in drei Jahren darbot, reichte also bloss zur Ausbildung von 40,000 Pfund Karpfen aus.

Austern durch künstliche Fütterung zu nähren und zu mästen, halte ich nicht für ausführbar, obgleich in Nordamerika und auch in Europa Versuche gemacht worden sein sollen, Parkaustern mit Maismehl zu füttern. Die Austernnahrung besteht aus sehr kleinen organischen Massen, welche im Wasser schweben. Wollte man den Austern eines Bettes solche künstlich zuführen, indem man das Wasser mit breiartig zerriebenem Fleisch, mit Knochenmehl, Fischguano oder Getreidemehl versetzte, so dürfte man das Wasser nicht abfliessen lassen, ehe diese Stoffe verzehrt wären. Dadurch würden aber sicherlich eine Menge Fäulnissgase auf dem Lager der Austern erzeugt und zurückgehalten werden. Anstatt die Auster zu mästen, würde man sie krank machen und tödten.

Unter den äussern Lebensbedingungen einer Biocönose spielt die Temperatur eine wichtige Rolle.

In unsern wechselwarmen Meeren sind milde Winter und eine höhere Temperatur in der darauf folgenden Brut- und Schwärmzeit besonders günstig für die Ausbildung einer grossen Menge Keime.

Alle lebendigen Glieder einer Lebensgemeinde halten mit ihrer Organisation den physikalischen Verhältnissen ihrer Biocönose das Gleichgewicht, denn sie erhalten sich und pflanzen sich fort gegenüber allen Einwirkungen äusserer Reize und gegenüber allen Angriffen auf das Fortbestehen ihrer Individualität. Obgleich jede Art anders organisirt ist, in jeder also andere Kräfte zur Bildung und Erhaltung der Individuen zusammenwirken;

obgleich daher jede Art ihr eigenes organisches Aequivalent hat, so besitzen doch alle dieselbe Sättigungskraft für die Gesammtheit der äusseren Lebensbedingungen ihrer Biocönose. Alle Arten müssen daher eine Abweichung der Lebensbedingungen von dem gewöhnlichen Maasse mit entsprechenden Wirkungen ihrer Kräfte beantworten; daher steigern alle zugleich ihre Lebensthätigkeiten oder mindern sie zugleich. Macht günstige Witterung die eine Art fruchtbarer, so erhöhet sie auch die Fruchtbarkeit der übrigen Arten. Entstehen auf einer Austernbank mehr junge Austern, weil die alten wärmer lagen und mehr Nahrung erhielten, als in gewöhnlichen Jahren, so bringen auch die Schnecken, Krebse, Seeigel, Seesterne und die übrigen Arten derselben Lebensgemeinde mehr Junge hervor, wie wiederholt beobachtet worden ist. Da aber für die Ausreifung aller im Uebermaass erzeugten Keime weder Platz noch Nahrung genug vorhanden ist, so sinkt die Gesammtzahl der Individuen der Lebensgemeinde bald wieder auf ihr früheres Maass zurück. Das Uebermaass, welches die Natur durch Steigerung einer der biocönotischen Kräfte erzeugte, wird also durch das Zusammenwirken aller biocönotischen Kräfte wieder vernichtet. Immer tritt bald wieder das biocönotische Gleichgewicht ein.

Wo der Mensch im Stande ist, einem erzeugten Uebermaass von Keimen passende Wohnplätze und Nahrung zu verschaffen, da kann eine grössere Zahl derselben zur Reife gelangen, als in einer rein natürlichen Biocönose.

Die Austernzüchter von Arcachon und Auray steigern die Reifefruchtbarkeit der Austern im hohen Grade dadurch, dass sie Ziegel für die Schwärmlinge auslegen, dann den jungen von den Ziegeln abgelösten Austern ein passendes Lager bereiten und ihnen nahrungshaltiges Wasser zutrömen lassen.

Wenn in einer Biocönose die Zahl der Individuen einer Art künstlich gemindert wird, so steigt die Zahl der ausreifenden Individuen anderer Arten. An der Westküste von Frankreich nahmen Herz- und Miesmuscheln die Stelle der weggefischten Austern ein. In den fruchtbaren Ebenen Nordamerikas nähren sich statt der ehemaligen grossen Herden wilder Büffel (Bos americanus) jetzt zahme Rinder und Pferde.

Wird in einer Biocönose die Keimfruchtbarkeit einer Art durch Vertilgung vieler fortpflanzungsfähigen Individuen künstlich erniedrigt, während alle anderen Kräfte der Biocönose in früherer Stärke fortwirken, so muss auch die Reifefruchtbarkeit dieser Art sinken. Durch Ueberfischung hat man eine Menge der fruchtbarsten westeuropäischen Austernbänke verödet. Der frühere Fischreichthum vieler süssen Gewässer ist durch schonungsloses Wegfangen der kaum geschlechtsreif gewordenen Fische verschwunden.

Es ist natürlich, dass auf solche Jahre, in welchen auf einem Gebiete sehr viel Heringe, Lachse oder Störe gefangen wurden, gewöhnlich Jahre folgen, in denen weniger Fische derselben Art erscheinen, weil durch die früheren reichen Fänge sehr viel keimerzeugende Individuen vernichtet wurden. Wird in einem Subtraktionsexempel der Minuend verkleinert während der Subtrahend sich gleich bleibt, so bleibt ein kleinerer Rest übrig.

Bei anhaltender künstlicher Vernichtung keimerzeugender Individuen kann die Keimfruchtbarkeit einer Artgemeinde in einem solchen Maasse sinken, dass sie endlich gar nicht mehr im Stande ist, Keime genug hervorzubringen, um den gewöhnlichen natürlichen Angriffen ihrer Biocönose gegenüber stets noch einem gewissen Reste ihrer Keime die Reife zu sichern; sie stirbt daher aus.

So ist der Dodo (Didus ineptus) auf der Insel Mauritius im 17ten Jahrhundert ausgestorben, nachdem die Portugiesen 1507 die Biocönose dieser Insel durch Einführung von Schweinen und anderen Thieren gestört und später die Holländer viele dieser Vögel schonungslos getödtet hatten. Auch lebt jetzt keine Schildkröte mehr auf Mauritius, während daselbst nach schriftlichen Zeugnissen wenigstens bis zum Jahre 1740 leicht Hunderte zur Verproviantirung von Schiffen gefangen werden konnten. Sicherlich werden die Schweine viele junge Dodos und Schildkröten gefressen haben.

Der Biber (Castor fiber) wird vielleicht bald gänzlich aus unserem biocönotisch umgestalteten Erdtheil verschwinden. Der grönländische Walfisch (Balaena mysticetus) ist nach den Verfolgungen, welchen er im 17ten, 18ten und 19ten Jahrhundert ausgesetzt war, bei Spitzbergen und Grönland gegenwärtig eine seltene Erscheinung geworden.

Jedes biocönotische Gebiet hat in jeder Generationsperiode das höchste Maass von Leben, welches es zu bilden und zu erhalten im Stande ist. Aller daselbst vorhandene organisirbare Stoff wird von den dort erzeugten Wesen völlig in Anspruch genommen. Daher sind wohl an keinem belebungsfähigen Orte der Erde noch organisirbare Stoffe für Urzeugungen übrig. —

Soll in einer Biocönose die Reifefruchtbarkeit einer Art ihre Höhe behalten, obwohl die Zahl der keimerzeugenden Individuen künstlich vermindert wird, so müssen zu gleicher Zeit die natürlichen keimzerstörenden Ursachen künstlich verringert werden.

In der Bucht von Arcachon bringt man dadurch eine ungewöhnlich grosse Zahl von jungen Austern zur Marktgrösse, dass man sie durch künstliche Mittel vor ihren Feinden schützt.

Der Rest eines Subtraktionsexempels kann sich gleichbleiben oder er kann zunehmen, wenn mit dem Minuenden zugleich auch der Subtrahend verkleinert wird.

Die Menge der Individuen einer Art kann auf die Dauer steigen, wenn ihr biocönotisches Gebiet erweitert wird. Als sich der Limfjord mit Nordseewasser gefüllt hatte, nahm die Zahl der reifen Austern im Gebiete der dänischen Nordseeküsten um mehr als sieben Millionen zu. (S. 52.)

Die Austernbetten in der Bucht von Arcachon, die Claires an der Mündung der Seudre (S. 48) sind künstliche Erweiterungen der Austerngebiete.

Von Kulturpflanzen und Hausthieren werden ungeheure Summen Individuen ausgebildet, weil der Mensch ihre biocönotischen Gebiete künstlich vergrössert hat. Diese künstliche Vermehrung der Kulturpflanzen und Hausthiere ist die Grundlage für die Steigerung der Keim- und Reifefruchtbarkeit der Menschen, für die Ausdehnung des biocönotischen Gebiets der Species Homo sapiens. —

Der durchschnittliche Ertrag unserer Wälder, Aecker und Gärten ist das Resultat natürlicher Kräfte und menschlicher Arbeit. Neben den chemischen und physikalischen Kräften des Bodens und der Atmosphäre und den organischen Kräften der wilden und kultivirten

Pflanzen und Thiere spielen die körperlichen und geistigen Kräfte der Menschen in der Wald- und Landwirthschaft eine wichtige Rolle; denn einen bedeutenden Antheil an der Höhe der Ernten haben ausser den zahlreichen Wald- und Feldarbeitern die Fabrikanten der Wirthschaftsgeräthe, die Mechaniker und Optiker, welche Instrumente zu naturwissenschaftlichen Untersuchungen liefern, so wie die Gedankenarbeiten der Land- und Forstleute und vieler Naturforscher.

Den durchschnittlich gleichförmig wirkenden Naturkräften gegenüber dürfen diese vielfältigen, in einander greifenden menschlichen Arbeiten niemals ruhen, wenn man von den künstlichen Biocönosen der kultivirten Ländereien auf die Dauer Mittelerträge erzielen und wenn man verhindern will, dass die Natur sich in jedem Gebiete ihre eigenen Biocönosen wieder einrichtet.

Dies alles liess man bei der Nutzung der westeuropäischen Austernbänke in den letzten Jahrzehnten unbeachtet. Man fischte Millionen auf Millionen Austern von den Bänken und war erstaunt, als man bemerkte, dass ihre Produktivität abgenommen hatte. Obwohl man die Zahl der keimerzeugenden Thiere ausserordentlich verminderte, wollte man dennoch in jedem Jahre eine gleich grosse Menge reifer Nachkommen ernten.

Man verlangte für die Austern eine Ausnahme von den biocönotischen Gesetzen, nach denen sich eine erhaltungsmässige Feld- und Waldwirthschaft zu richten hat.

In England giebt es Austernzüchter, welche zur vollen Befriedigung ihrer alljährlichen hohen Forderungen an die natürlichen Austernbänke und an die Austernbetten wünschen, dass jedes Jahr gerade in der Brutzeit ihres Austerngebiets die Temperatur auf 18 bis 20 Grad C.

stehen bleibe, dass kein Wind wehe und kein Gewitter das gute Wetter plötzlich störe, damit kein Austernschwärmling zu Grunde gehe.

In Frankreich erwartete man, dass die Millionen Keime, welche eine erwachsene Auster hervorbringt, alle zu Marktaustern heranwachsen würden, wenn man sie nur auf passenden Ansatzkörpern eingefangen hätte. Man glaubte also, sie könnten durch ein Wunder gross werden. Denn das Meer führte dem Lagerplatze der vielen Millionen junger Austern nicht im geringsten mehr Nahrungsstoffe zu, als es früher dahin brachte, um die kleinere Anzahl, die sonst dort aufwuchs, gross zu ziehen.

In Deutschland verlangt man, Austern sollen auf wandelbaren Sandbänken und auf Schlickgründen wohnen und gedeihen und sich an das schwachsalzige Ostseewasser gewöhnen; aber dabei sollen sie Wesen bleiben von derselben Zartheit und Feinheit des Geschmackes wie die Austern der guten schleswig-holsteinischen Bänke.

Nur durch Wunder, durch Ausnahmen von den nothwendigen Wirkungen der Naturgesetze für besondere einzelne Fälle könnten solche Forderungen erfüllt werden. Die Form unserer Küsten und der vor ihnen liegenden Inseln, die Richtung der Flussmündungen, die Fluth- und Ebbeströmungen müssten verändert werden, wenn die Austern in unserm ganzen Wattenmeere gedeihen sollten; an die Stelle der natürlichen Austern-Biocönosen müssten also künstliche gesetzt werden, wie die Landleute und Gärtner für die Kultur der Acker- und Gartengewächse einrichten.

Und wenn die Auster in der heutigen Ostsee wohnen sollte, müsste sie ihre physiologischen Thätigkeiten so verändern, dass sie bei grösseren Schwankungen des Salzgehaltes gedeihen könnte, als in der Nordsee, d. h. sie müsste ein anderes Thier werden, dabei aber doch den Geschmack der Auster bewahren. Man hat zwar tausendmal erfahren, dass die meisten Schmeck- und Riechstoffe in Pflanzen und Thieren nur unter ganz bestimmten äusseren Lebensbedingungen zur Ausbildung kommen, aber zu Gunsten der Austern verlangt man eine Ausnahme von diesem Naturgesetz. Man will, dass Wunder geschehen, um sie den Vielen, welche jetzt mit ihnen bekannt geworden sind, ebenso reichlich und billig zuführen zu können, wie einst den wenigen Austernfreunden, die in vergangenen Zeiten sie zu schätzen verstanden.

11. Zunahme der Austernesser und Austernpreise und Abnahme der Austern.

Es giebt in England Austernzüchter und Austernkundige, welche behaupten: Nicht durch übermässige Befischung, sondern durch eine lange Reihe ungünstiger Brutjahre sind die Austernbänke verarmt. Nach ihren Beobachtungen sollen seit 1857, 1858 und 1859 keine reichen Bruten mehr gefallen sein.

Dies mag für eine Anzahl Austernstätten zutreffen, hat aber für den Betrieb einer dauernd einträglichen Austernwirthschaft keine Bedeutung, da diese nicht nach aussergewöhnlichen günstigen Sommern, sondern nach dem Durchschnittsklima einzurichten ist Und dass sich dieses in Westeuropa in unserm Jahrhundert, also in der Zeit der Verarmung und Erschöpfung vieler westeuropäischer Austernbänke nicht verändert hat, beweisen die Temperaturbeobachtungen, welche seit 1806 auf der Pariser Sternwarte angestellt wurden. Nach diesen ist die mittlere Jahrestemperatur von Paris in unserm Jahrhundert bis jetzt auf 10,8° C. stehen geblieben, woraus folgt, dass im westlichen Europa die durchschnittliche Wärme nicht gesunken ist.

In mehreren Austerngebieten an der Westküste von Frankreich ist auch nach 1859 viel Austernbrut aufgetreten. 1860 erschien viel Brut auf den Bänken bei der Insel Ré und bei Rocher d'Aire, während in derselben Brutperiode Arcachon wenig hatte. 1861 war für alle drei Plätze ein gutes Brutjahr; 1862 für Ile Ré schlecht, für die beiden andern gut; 1865 trat in der Bucht von Arcachon sehr viel Brut auf, aber bei Rocher d'Aire und Ile Ré wenig.

Diese Thatsachen zeigen, dass locale Verhältnisse die Erzeugung von Austernbrut in einem und demselben Jahre entweder begünstigen oder stören können. Mr. F. Pennell theilte sie am 6. April 1876 der Commission zur Untersuchung der britischen Austern-Fischereien mit und knüpfte daran die Bemerkung, dass nach seinen Erfahrungen die Zahl der Austernschwärmlinge in jeder Brutperiode von der Menge der Mutteraustern abhängig sei, dass jedoch bisweilen aussergewöhnlich viel Brut erzeugt werde.[1])

Wer meinen Auseinandersetzungen bis hierher gefolgt ist, wird zugeben müssen, dass an der Verarmung der westeuropäischen Austernbänke in den letzten Jahrzehnten die Natur keine Schuld hat, denn weder sind die äussern Lebensverhältnisse der Austern schlechter geworden, noch hat die Keimfruchtbarkeit der einzelnen Thiere abgenommen. Nichts anderes als schonungslose Befischung hat die Austernbänke entvölkert. Davon waren auch die meisten Austernkundigen überzeugt, welche der Commission zur Untersuchung der britischen

Austernfischerei im Jahre 1876 in London ihre Erfahrungen und Gedanken vortrugen.

Man wird aber fragen: Warum wurden vor unseren Zeiten die europäischen Austernbänke nicht übermässig befischt?

Weil es vor dem Zeitalter der Dampfschiffe, Dampfwagen und Eisenbahnen viel weniger Austernesser gab, als jetzt. Früher waren echte Austernesser fast nur in den Küstengegenden zu finden. Sobald die Austernfischerei im Herbst wieder eröffnet wurde, bezahlte man hier nur die Erstlinge ziemlich theuer, aber bei weiterer Zufuhr sanken schnell die Preise.

Am 21. September 1740 bezahlte man in Hamburg die ersten Hunderte einer frischen Sendung schleswig-holsteinischer Austern mit je M. 1,42 nach heutigem Gelde; darauf verkaufte man an demselben Tage 900 Stück, das Hundert für M. 1,20; dann 3,400 Stück, das Hundert für 60 Pfennig und endlich 10,800 Stück, das Hundert für 30 Pfennig.

Am 15. October desselben Jahres bezahlte man ebendaselbst für das erste Hundert frisch angekommener Austern M. 2,40; für das zweite Hundert M. 2,10; darauf wurden 1025 Stück verkauft, das Hundert für M. 1,80; dann 1000 Stück, das Hundert für M. 1,50; dann 2000 Stück, das Hundert für M. 1,20; zuletzt 12,500 Stück, das Hundert für 60 Pfennig. Diese aus den Akten der schleswig-holsteinischen Austernbänke entnommenen Zahlen[2]) zeigen, dass die Preise der Austern bald nach der Ankunft einer grösseren Sendung im Hamburger Hafen schnell erniedrigt werden mussten, wenn man sie nicht verderben lassen, sondern in einem geniessbaren Zustande los werden wollte, weil keine bemerkenswerthe Abfuhr derselben nach dem Binnenlande stattfand. Ein solches Fallen der Preise schützte die Bänke vor zu starker Befischung.

Sobald die Austern durch Dampfschiffe und auf Eisenbahnen frisch, wie sie von den Bänken kommen, schnell verbreitet und tief in das Binnenland geführt werden konnten, wurden auch dort immer mehr Austernesser gebildet, und so wuchs trotz der schnellen Steigerung der Preise der Bedarf an Austern von Jahr zu Jahr. Er nahm fast in gleichem Maasse zu, wie die Ausdehnung der Eisenbahnnetze in Frankreich, England und Deutschland.

Dass durch eine stärkere Befischung die Austernbänke erschöpft werden könnten, kam den Fischern nicht in den Sinn. Hatten sie doch Jahr für Jahr auf denselben Bänken immer wieder Austern gefunden; warum sollten sie nun unterlassen, wegzunehmen, was in ihre Netze kam? Früher freilich fischten sie nur an solchen Stellen, wo die Austern dicht lagen. Wo sie nur wenig Austern fingen, machte sich das Fischen nicht bezahlt, weil die Preise niedrig waren; daher liessen sie solche Bänke, die nur dünn mit ausgewachsenen Austern besäet waren, so lange in Ruhe, bis sich auf ihnen wieder das volle, die Arbeit des Fischens lohnende Maass von reifen Thieren angesammelt hatte.

Als jedoch mit der Zahl der Austernesser die Preise höher stiegen, lohnte es sich auch noch, auf weniger ergiebigen Strecken zu fischen. Man warf die Netze so lange immer wieder aus, bis endlich fast nichts mehr auf den Bänken zu finden war. Während vor der Zeit der Eisenbahnen die fallenden Marktpreise die Austernfischerei zu Gunsten eines guten Bestandes der Bänke regulirten, reizten in dem Zeitalter der Eisenbahnen die immer höher gehenden Austernpreise die Fischer dazu, ihre Bänke zu erschöpfen. Dafür enthalten die amtlichen Berichte über französische und englische Austernzucht eine Menge thatsächlicher Beweise.

Die Austernfischer von Cancale waren glücklich, von Jahr zu Jahr mehr Geld für ihre frisch nach Paris gehenden Austern zu erhalten. An die Möglichkeit einer Erschöpfung ihrer reichen Bänke dachten sie nicht. Hatten doch die gelehrten Autoritäten gesagt, dass jede ausgewachsene Auster zwei oder drei Millionen Junge erzeuge. Wenn sie also nur hundert Mutteraustern liegen liessen, so glaubten sie alles Nöthige gethan zu haben, um nach kurzer Zeit 200 bis 300 Millionen Nachkommen derselben auf den abgefischten Bänken wieder vorzufinden.

Bis 1854 waren die Austernbänke von Rochefort, Marennes und der Insel d'Oléron in erhaltungsmässiger Weise befischt worden, weil ihre Austern nur in den näher liegenden Küstenörtern Absatz fanden. 1854 wurde Rochefort mit dem binnenländischen Eisenbahnnetz in Verbindung gebracht; sofort vergrösserte sich der Markt für die Austern dieses Küstengebietes und die Ausbeutung der Bänke wurde fast bis zur gänzlichen Erschöpfung derselben fortgesetzt. Von 15 Millionen, die 1854—55 gefischt wurden, war man im Jahr 1863—64 auf 400,000 herabgekommen. (Siehe oben S. 65.)

Der letzte Bericht über die englische Austernfischerei im Jahre 1876 enthält viele lehrreiche Beispiele über die starke Steigerung der Preise in Folge der Abnahm der Austern.

In Whitstable, dessen Bänke die feinste Sorte Natives erzeugen, war in den Jahren 1852 bis 1862 der Preis für ein Bushel (1400 bis 1600 Stück) niemals höher als 2 Pfd. Sterling und 2 Schilling; 1863—64 stieg er auf 4 Pfd. 10 Sch., 1869 auf 8 Pfund und 1876 auf 12 Pfund Sterling. 1876 kostete dort also das Stück über 16 Pfennig nach unserm Gelde.

In Colchester, einem anderen berühmten Austernhandelsplatze an der Ostküste Englands, kostete in den Jahren 1856 bis 1863 das Bushel Austern gewöhnlich 66 Schilling, 1864—65 80 Sch., 1865—66 95 Sch., 1866—67 100 Sch., 1867—68 130 englische Schilling.[3])

In Falmouth kostete das Tub (1600 Stück) Austern 1830 1 Schilling, 1860 2 bis $2^1/_2$ Schilling, 1863 4 bis 14 Sch., 1867 9 bis 37 Sch. und 1869 45 englische Schilling.

Eine Tonne schleswig-holsteinischer Austern (700 bis 800 Stück) wurde 1875 bis 1876 an Austernhändler für 105 Mark verkauft. Fünfzehn Jahre früher betrug ihr Preis nur den dritten Theil dieser Summe.

Durch die Einverleibung Schleswig-Holsteins in den deutschen Zollverein im Jahre 1864 wurde das Gebiet zollfreien Absatzes für die schleswig-holsteinischen Austern zu einer Zeit, wo die englischen Austern auf deutschen Märkten immer seltener wurden, bedeutend erweitert. Ausser der starken Zunahme des Austernkonsums in Europa überhaupt, gab diese politische Veränderung Deutschlands offenbar auch Veranlassung zu einer stärkeren Befischung unserer Austernbänke, als in früheren Zeiten, was aus der auffallenden Abnahme ihrer Reifefruchtbarkeit in neuerer Zeit hervorgeht. Denn bei der Hauptrevision derselben im Jahre 1869 fielen auf 1000 vollwüchsige nur 282 halbwüchsige Austern und bei fünf Revisionen in den Jahren 1872 bis 1876 im Durchschnitt sogar nur 107 Stück, während bei früheren Revisionen im Durchschnitt 421 halbwüchsige Austern bei 1000 vollwüchsigen gefunden wurden, wie oben S. 62 gezeigt worden ist.

[1]) Report on Oysterfisheries 1876. S. 116 No 2386 und 87.

[2]) H. Kröyer, De danske Oystersbanker. Hier werden S. 92 und 93 noch einige Beispiele von dem Sinken der Austernpreise in Hamburg an einem und demselben Tage aus den Akten der schleswig-holsteinischen Austernwirthschaft mitgetheilt.

[3]) Report on Oysterfisheries 1876. S. 63.

12. Die chemischen Bestandtheile und der Geschmack der Austern.

Der schwerste Theil der Auster ist ihre Hülle. 84 Prozent des Gesammtgewichtes der gewöhnlichen holsteinischen Tafelaustern kommen im Durchschnitt auf die Schalen. Inwendig ist die Auster Weichthier, auswendig Steinthier. Die getrocknete Schale sehr alter Austern wiegt 250 bis 320 Gramm. In solchen schweren, dickschaligen Austern sind die Weichthiere gewöhnlich sehr mager und ihr Umfang ist auch kleiner geworden, als er im Alter der höchsten Reife war, was daraus hervorgeht, dass der Rand der zuletzt gebildeten Schalenschichten nicht über die früher abgesetzten vorspringt, sondern unter sie zurückgeht.

Der Hauptbestandtheil der Schale ist kohlensaurer Kalk. Er macht 96 bis 97 Prozent derselben aus. Ausserdem enthält sie noch 1,2 bis 1,3 Prozent schwefelsauren Kalk, 0,09 Phosphorsäure 0,03 Prozent Eisenoxyd und Spuren von Magnesia und Thonerde. Werden diese unorganischen Bestandtheile der Schale in Säuren aufgelöst, so bleiben bräunliche Häute und Flocken einer organischen Substanz zurück, welche Conchyolin genannt wird. Es ist eine Verbindung der Grundstoffe Kohlenstoff, Wasserstoff, Stickstoff und Sauerstoff. Die gewölbten Klappen holsteinischer Austern enthalten 1,01 bis 1,025 Prozent Conchyolin, die flachen etwas mehr, nämlich 1,10 bis 1,15 Prozent. Diese Vermehrung des Conchyolingehaltes macht die flachen Klappen weniger brüchig als die gewölbten.

Zuweilen findet man Perlen in Austern. Gewöhnlich liegen sie in dem Mantel, zuweilen auch in dem Schliessmuskel. Perlen sind isolirt abgelagerte Schalenstoffe. Ihre chemischen Bestandtheile stimmen daher mit denen der Schale überein. In einigen Perlen aus schleswigholsteinischen Austern wurde verhältnissmässig mehr kohlensaurer Kalk gefunden, als in den Schalen. Glänzende, zum Schmuck verwendbare Perlen kommen in Austern sehr selten vor; gewöhnlich sind sie weiss und glanzlos. In Hamburg entdeckte einmal die Zunge eines Austernessers eine Perle, für welche ihm der Juwelier 66 Mark bezahlte.

Fast alle Muscheln haben schönere Schalen als die Auster; aber an Feinheit des Geshmacks übertrifft sie jedes andere Weichthier.

Schmeckbar sind nur solche Stoffe, welche in Flüssigkeiten gelöst, die Geschmacksorgane berühren. Der Geschmack der Austern hängt daher von Stoffen ab, welche entweder in ihren Säften schon gelöst sind, oder welche sich erst im Munde auflösen.

Frische lebendige Austern enthalten wie alle Seethiere sehr viel Wasser. Um ihren Wassergehalt zu bestimmen trennt man sie mit möglichster Schonung von der Schale, indem man den Schliessmuskel da, wo er sich an die Klappen ansetzt, durchschneidet; dann trocknet man ihre Oberfläche mit Fliesspapier ab, wägt sie und entzieht ihnen unter der Luftpumpe alles Wasser. Zwei schleswig-holsteinische Austern, welche aus der Schale genommen und abgetrocknet, zusammen 14,70 Gramm schwer waren, wogen vollständig ausgetrocknet nur noch 3,05 Gramm. Sie enthielten also 79,25 Prozent Wasser und nur 20,75 Prozent feste Stoffe.

Von zwei anderen grösseren Austern wurden der Mantel und die Kiemen abgeschnitten; sie wogen abgetrocknet zusammen 20,55 Gramm und hinterliessen 4,80 Gramm trockenen Rückstand. Ihre essbaren Theile enthielten also 76,64 Prozent Wasser und 23,36 Prozent feste Stoffe.

Aus der Untersuchung einer grösseren Anzahl schleswig-holsteinischer Austern ergab sich, dass die ganzen Weichthiere 21,5 bis 23 Prozent feste Stoffe enthalten; aber die von dem Bart befreiten Körpertheile 23 bis 24,5 Prozent.[1])

Nach ihrem Gehalt an festen Stoffen übertreffen die Austern das Fleisch der Fische etwas mehr, als das Fleisch der Säugethiere und Vögel. Denn

Forellenfleisch	enthält	19,5	Prozent	feste	Stoffe
Karpfenfleisch	„	20,2	„	„	„
Schweinefleisch	„	21,7	„	„	„
Kalbfleisch	„	21,8	„	„	„
Ochsenfleisch	„	22,5	„	„	„
Huhnfleisch	„	22,7	„	„	„ [2])

Auf 100 Theile getrockneter Austernmasse kommen 7,69 bis 7,81 Theile Stickstoff oder 100 Theile frische

wasserhaltige Austern enthalten 1,85 bis 1,87 Theile Stickstoff.

Durch Verbrennen der trocknen Austernmasse lässt sich ermitteln, wie viel unorganische Bestandtheile sie enthält. So wurde gefunden, dass völlig getrocknete schleswig-holsteinische Austern (ohne Bart) 7,45 Prozent unorganische Bestandtheile enthalten, oder die nicht getrockneten Weichthierkörper 1,79 Prozent.

Nach diesen Bestimmungen sind in 100 Gewichtstheilen der frischen geniessbaren Weichthierkörper schleswig-holsteinischer Austern enthalten:

77,00 Theile Wasser,
21,21 Theile organische Stoffe und
1,79 Theile unorganische Stoffe.

Die hauptsächlichsten unorganischen Stoffe sind Kochsalz und Phosphorsäure. Das Kochsalz beträgt 0,58 Prozent der frischen Austern und die Phosphorsäure 0,38 Prozent.

Im frischen Rindfleisch sind 0,49 Prozent Kochsalz und 0,22 Prozent Phosphorsäure enthalten.

Aus diesen Untersuchungen und Vergleichungen geht hervor, dass die Austern ebensoviel oder noch etwas mehr Nährstoffe enthalten, als die besseren Fleischsorten. Ausserdem zeichnen sie sich noch dadurch aus, dass sie leichter verdaulich sind, als die meisten andern thierischen Nahrungsmittel. Vergleicht man aber den Preis gleicher Gewichtstheile Austern mit den Preisen gleicher Gewichtstheile der besten Fleischsorten, so zeigt sich, dass die Austern bei uns ein sehr theures Nahrungsmittel sind.

Wenn die essbaren Weichtheile eines Dutzend holsteinischer Austern 125 Gramm oder $^1/_4$ Pfund wiegen, und wenn man dafür 2 Mark bezahlt, so sind die Austern als Nahrungsmittel $6^2/_3$ mal so theuer als Beefsteakfleisch, von welchem das Pfund 120 Pfennige kostet.

Allein die Werthschätzung der Austern beruht nicht hauptsächlich auf ihrem Gehalt an Nährstoffen, sondern vornehmlich auf ihrer Zartheit und ihrem eigenthümlichen feinen Geschmack. Sie sind die feinsten, edelsten Speisen aus dem Meere, die unverändert genossen werden können, die keiner Kochkunst bedürfen, um ihre Vorzüge zu entwickeln. Sie gleichen den edlen Perlen, welche ihre grösste Vollkommenheit auch in ihrer natürlichen Bildungsstätte empfangen.

Welche besonderen Stoffe der Auster ihren Geschmack verleihen, ist eben so wenig bekannt, wie die Ursache des Geschmackes der verschiedenen Fleischarten. In den Geschlechtsdrüsen und in der Leber der Austern sind Glykogen und Traubenzucker enthalten. Das reine Glykogen hat keinen Geschmack. Es besteht wie der Traubenzucker aus Kohlenstoff, Wasserstoff und Sauerstoff. Wahrscheinlich haben an dem Geschmack der Austern die Fette derselben einen wichtigen Antheil.

Wiederholt habe ich die Erfahrung gemacht, dass im Mai und in der ersten Hälfte des Juni, wenn die Geschlechtsdrüsen stark entwickelt sind, die eierhaltigen Austern einen feiner nussartigen und volleren Geschmack haben, als die spermahaltigen. Ich legte frische Austern, deren Geschlechtsbeschaffenheit ich vorher mikroskopisch untersucht hatte, verschiedenen Personen zur Prüfung ihres Geschmackes vor. Sie fanden die weiblichen ebenfalls vorzüglicher, als die männlichen, ohne dass sie von dem Geschlechtsunterschied etwas wussten. Die gut entwickelten eierhaltigen Austern sind gewöhnlich etwas dicker, als die männlichen und mehr rahmfarbig als die spermahaltigen, deren Rumpf mehr wässerig durchscheinend ist. Mitten im Winter tritt dieser äussere Unterschied nicht so hervor, wie kurz vor der Laichzeit.

Gleich nach der Entleerung der Geschlechtsdrüsen sind die Austern am magersten und ihr Geschmack ist wässeriger als zu jeder andern Zeit. Nach der Fortpflanzungsperiode nimmt ihre Masse von Monat zu Monat wieder zu, falls ihre Ernährung nicht durch anhaltende Kälte gestört wird und mit der fortschreitenden Entwicklung der Geschlechtsdrüsen wird auch ihr Geschmack immer voller. Hieraus folgt, dass der Winter und mehr noch der Frühling die besten Jahreszeiten für den Genuss der Austern sind.

„Austern darf man nicht zerbeissen, man muss sie ganz verschlucken“, habe ich wiederholt von Personen sagen hören, die sich für echte Austernesser hielten. Wenn das richtig wäre, so liessen sich für die theuren Austern billige Surrogate aus einem geschmacklosen weichen Teige herstellen, dem man nur die Form von Austern zu geben brauchte. Wie alle andern Speisen wirken auch die Austern um so stärker auf die Geschmacksorgane, je mehr ihre löslichen Stoffe mit der Oberfläche derselben in Berührung gebracht werden. Daher muss man Austern zerbeissen und kauen, wenn man ihre wohlschmeckenden Stoffe frei legen und zur Wirkung bringen will.

Die schleswig-holsteinischen Austernbänke erzeugen Austern von verschiedenem Geschmack. Die feinsten entstehen auf denjenigen Bänken, die nicht sehr fern von den grösseren Tiefen liegen, durch welche das fluthende und ebbende Wasser des Wattenmeeres ein-

und ausströmt. (Man werfe einen Blick auf die Karte desselben vor dem Titelblatt.) So entstehen auf den Bänken bei dem nördlichen und südlichen Ende von Sylt und auf einer einzeln liegenden Bank im Norden der Insel Röm vorzügliche Austern; die allerfeinsten bilden sich auf den Bänken bei Hörnum aus.

Die Hörnumaustern zeichnen sich aus durch eine besonders starke Ausbildung ihrer Geschlechtsdrüsen. Ihr Geschmack ist nussartig zart und niemals wässerig und bitter wie der Geschmack der Austern mancher anderen Bänke.

Diese vorzügliche Ausbildung der Austern muss das Resultat der gerade auf diesen Bänken zusammenwirkenden äusseren Lebensbedingungen der Austern sein. Auf den Hörnumbänken liegen die Austern tiefer und dem offenen Meere näher, als im Innern des Wattenmeeres. Das über sie hinlaufende Wasser erfährt daher im Laufe der Tages- und Jahreszeiten etwas geringere Temperaturschwankungen, als auf den der Küste des Festlandes näher liegenden Bänken, und es hat auch im Ganzen einen etwas stärkeren Salzgehalt als das Wasser der Bänke des flacheren Wattenmeergebietes. An diese äussern physikalisch-chemischen Eigenthümlichkeiten der Hörnumbänke schliessen sich auch faunistische an. Hier wohnen auf den Austern Dreikantwürmer (Pomatoceros triqueter) und Polypenstöcke, welche ihrer Form wegen Seehände (Alcyonium digitatum) heissen. Beide Thierformen kommen am Grunde der offenen Nordsee häufig vor. Sie fehlen auf den übrigen Austernbänken des Wattenmeeres; offenbar können sie auf den inneren Bänken desselben nicht leben, weil hier nicht alle zu ihrem Gedeihen nöthigen Bedingungen vorhanden sind.

Also gerade an solchen Stellen des Wattenmeeres, wo die äussersten Grenzen des Wohngebietes der Seehand und des Dreikantwurmes unsere Austernbänke durchschneiden, da entwickeln sich die günstigsten Bedingungen für die Ausbildung der wohlschmeckendsten Austern. Ein Dreikantwurm auf der Schale einer schleswig-holsteinischen Auster ist daher ein Zeichen ihrer Herkunft von einer der besten Bänke.

Einem Pastor auf Sylt, der gern gute Austern ass, war dieses äussere Merkmal sehr wohl bekannt; denn er pflegte den aussegelnden Austernfischern zu sagen: „Bringt mir frische Austern mit, aber nur von denen, die der liebe Gott gezeichnet hat!“

In Paris werden die grünen Austern von Marennes und Tremblade wegen ihres feinen Geschmackes besonders geschätzt. Dieser kann nicht von dem grünen Stoffe in ihren Weichtheilen herrühren; denn wenn man alte Austern in den Wintermonaten in einen dortigen Mästungsteich versetzt, so werden sie wohl grün, aber durchaus nicht so wohlschmeckend, wie die Austern, die jung hinein gesetzt wurden und mehrere Jahre darin lebten. (Man vergleiche S. 48.)

Am besten schmecken die Austern auf den Bänken selbst, wenn man sie hier sorgfältig öffnet und alles Seewasser, welches sie in den geschlossenen Schalen zurückhielten, ablaufen lässt, was am zweckmässigsten so geschieht, dass man den Weichkörper nach der Ablösung des Schliessmuskels auf die flache, rechte Klappe legt. Diese ist deshalb der vorzüglichere natürliche Teller für die frische Auster, weil sie keine Dunsthöhlen wie die gewölbte Klappe mit unangenehm riechendem Wasser enthält, welches beim Oeffnen der Auster leicht ausfliesst und dann den Geruch und Geschmack derselben verunreinigt. (Man vergleiche Fig. 5, Seite 14).

Die Auster kann Tage lang frei trocken liegen, ohne zu sterben, aber sie verliert nach und nach an Saftigkeit und wird bald riechend, weil die Thiere, welche ihre Schale bewohnen, absterben. Da diese durch die üblichen Reinigungsmittel (S. 9) selten völlig entfernt werden, so wird der reine Geschmack der Austern auf dem Lande stets durch Beigerüche gestört.

Um die Austern ihren Freunden möglichst frisch und wohlschmeckend zuzuführen, sollte man für jeden Verzehrungsort zur Zeit nicht mehr fangen, als er in wenigen Tagen verbraucht. Da jedoch Wind und Wetter gerade in der Austernspeisezeit oft so ungünstig sind, dass kein Fahrzeug hinausgehen und fischen kann, so muss man bei gutem Wetter einen grösseren Vorrath von Austern fischen und sie an einem Orte lebendig aufbewahren, wo sie zu jeder Zeit erreichbar sind.

Für die gefischten Austern der schleswig-holsteinischen Bänke sind bei Husum Reservoire eingerichtet. Es sind 4 viereckige Teiche mit senkrechten Wänden, die mit Holz bekleidet sind. Ihre Länge und Breite beträgt 12 bis 14 Meter und die Tiefe gegen 2 Meter. Der Boden ist mit Ziegelsteinen gepflastert. Er kann durch senkrecht einstellbare Bretter in Fächer getheilt werden; in diese schüttet man die von den Bänken gebrachten Austern und lässt Wasser über sie wegfliessen, das vorher in einem nebenanliegenden Teiche, dem Klärbassin, einige Zeit ruhig gestanden hat, damit sich der Schlick aus demselben absetzte.

Bei kühler Witterung können in den Husumer Vorrathsteichen 500 Tonnen oder 350,000 bis 400,000 Stück

Marktaustern gelagert werden, bei warmer Witterung nur 200 Tonnen. Wenn es noth thut, bringt man ausserdem auch noch in dem Klärbassin und in den Zuleitungsgräben Austern unter.

Um die Austern gesund zu erhalten, dürfen sie in den Vorrathsteichen nicht zu dicht liegen, besonders nicht bei warmer Witterung; auch müssen sie sehr oft aus einem Fach in ein anderes gereinigtes Fach geschaufelt und mit schnell strömendem Wasser überrieselt werden, damit sich alle abgestorbenen Theile von den gesunden Austern trennen.

Die meisten englischen Austern, welche in Deutschland gegessen werden, kommen von Ostende. Dort lagern sie in Bassins hinter den alten Festungswällen, welche ebenso eingerichtet sind wie die Husumer. 1869 fand ich dort neun Bassin-Anlagen, die gegen 2 Meter hoch durch Schleussen mit Seewasser gefüllt werden konnten.

In den Bassins bei Ostende werden ebenso wenig Austern gezogen oder gemästet, wie bei Husum. Die bis zum Schluss der Austernsaison nicht verkauften schickt man gewöhnlich nach den englischen Austernbetten zurück, weil sie sich im Sommer schlecht halten lassen und überhaupt bei längerem Liegen in den Vorrathsteichen wegen Mangel an Nahrung stets mager werden. Im Jahre 1875/76 soll England wöchentlich 500 Bushel oder gegen 750,000 Stück Austern nach Ostende geliefert haben.

Der berühmteste Austernplatz in England ist Whitstable an der südlichen Seite der Themsemündung. Hier bilden sich die feinsten Natives aus, deren Schale zwar einen geringen Umfang hat, aber doch ein dickes und fleischreiches Weichthier enthält, weil ihre linke Klappe stark vertieft ist. Die über Ostende nach Deutschland kommenden Natives sind geringere Sorten als die berühmten Whitstabler, welche selten nach dem Continent kommen, sondern fast alle nach London gehen, wo sie theurer als jede andere Sorte bezahlt werden.

Austern, die verschickt werden sollen, verpackt man in Tonnen. In diesen schichtet man sie, die gewölbte Schale stets nach unten gekehrt, so dicht neben und über einander, dass kein Raum zwischen ihnen frei bleibt, damit sich keine öffnen kann, wenn das Fass geschlossen ist.

In manchen Austernbetten an der Westküste von Frankreich lässt man die Austern, welche beinahe ihre Marktgrösse erreicht haben, wiederholt längere Zeit trocken liegen. So lange sie kein Wasser haben, schliessen sie ihre Schale, und so gewöhnt man sie, das mitgenommene Seewasser in der trocknen Tonne so lange bei sich zu behalten, bis sie das Messer von der Schale ablöst.

Wendet man Eis an, um Austern frisch zu erhalten, so muss man verhindern, dass das Wasser des schmelzenden Eises die Weichthiere selbst berühre, weil dadurch ihr Geschmack leidet. Bereits geöffnete Austern dürfen also durchaus nicht mit Eis belegt werden, um sie abzukühlen.[3])

Von Nordamerika kommen in Blechbüchsen eingemachte Austern auf den Markt. In diesen ist der eigenthümliche Geschmack, dessen wegen man die frischen Austern hochschätzt, eben so zerstört, wie in tropischen Früchten, die in Zucker eingekocht, zu uns kommen.

Wären es nicht eingemachte Austern, so würde man schwerlich für sie Käufer finden. Sie können blos als Erinnerungen an frische Austern dienen. —

[1]) Alles, was ich in dem zwölften Kapitel über die chemischen Bestandtheile der schleswig-holsteinischen Austern mittheile, verdanke ich Herrn Professor O. Jacobsen in Rostock, der im Juni 1871, als er noch hier in Kiel war, eine Anzahl Austern, welche ich frisch von den schleswig-holsteinischen Bänken erhalten hatte, auf meine Bitte untersuchte.

[2]) Die zur Vergleichung angeführten Zahlen über die Mengen fester Stoffe in verschiedenen Fleichsorten stützen sich auf Analysen von Schlossberger und v. Bibra. Ich habe dieselben aus Gorup-Besanez' Lehrbuch der Physiologischen Chemie entnommen. 3. Aufl. 1874. S. 682.

[3]) Schon die Römer kühlten die Austern mit Eis von den Gebirgen. „*Addiditque luxuria frigus (ostreis) obrutis nive, summa montium et maris ima miscens.*" C. Plinii Sec. naturalis historia lib. XXXII. 6,21.

13. Ziel und Leistungen der Austernwirthschaft.

Das Ziel einer guten Austernwirthschaft besteht darin, in ihrem Gebiete einen möglichst hohen Ertrag auf die Dauer zu gewinnen.

Von einem Lager lebloser Naturprodukte kann man, ohne sich durch die Verminderung desselben zu schaden, so viel Masse wegnehmen, so viel sich mit Gewinn verwerthen lässt; denn der zurückbleibende Theil thut nicht das Geringste für denjenigen, welcher ihn ruhig liegen lässt.

Anders ist es mit lebenden Naturprodukten. Sie sind keine ruhig daliegenden Massen, sondern Vereinigungen von thätigen Stoffen und Kräften, welche durch sich selbst in einer fortwährenden Erneuerung begriffen sind. Wenn der Mensch von ihnen den grösstmöglichen Nutzen ziehen will, so darf er ihre Masse nicht zunehmend vermindern, wie die Mineralien in einem Bergwerk, sondern er muss Sorge tragen, dass ihr Erneuerungsvermögen nicht geschwächt werde, weil dadurch eine Verminderung ihrer anwendbaren Stoffe und Kräfte herbeigeführt wird.

Ein Viehzüchter, der seinem Viehstande einen gewissen Grad von Produktivität erhalten will, muss sich eine gewisse Summe zeugungsfähiger Thiere erhalten.

Wenn eine Waldfläche auf die Dauer eine gleich grosse Masse Holz hergeben soll, so darf in jedem Jahr nicht mehr gehauen werden, als der jährliche Zuwachs beträgt. Will man auf die Dauer mehr Holz aus einem Walde ziehen, so muss man ihn vergrössern.

Von diesen Gesetzen ist auch eine dauernd einträgliche Austernwirthschaft abhängig. Ihre Grundlage ist daher die Erhaltung eines Stockes fortpflanzungsfähiger Austern.

Keiner künstlichen Austernzucht ist es bis jetzt gelungen, Generationen auf Generationen Austern in abgeschlossenen Betten zur Ausbildung zu bringen. Immer wieder mussten auch die gewandtesten Austernzüchter zu den natürlichen Austernbänken ihre Zuflucht nehmen um sich laichfähige Mutteraustern oder junge Brut für ihre Züchtereien zu verschaffen. Daher ist die erste Grundlage einer jeden Austernwirthschaft, sowohl der natürlichen als auch der künstlichen, die Erhaltung eines Stockes vollwüchsiger fortpflanzungsfähiger Austern auf den natürlichen Austernbänken.

Erst seitdem die französische Regierung dafür sorgt, dass die natürlichen Austernbänke ihres Küstengebietes stets ein volles Maass fortpflanzungsfähiger Austern behalten, hat die künstliche Austernzucht in Frankreich eine sichere Basis erhalten. Die französische Regierung hat dies dadurch erreicht, dass sie durch die Fischereibeamten bestimmen lässt, zu welcher Zeit und an welchen Stellen die Austernbänke befischt werden dürfen.

In den austernreichen Gebieten von Cancale und St. Vaast de la Hogue an der Küste der Normandie und in der Bucht von Arcachon giebt es grosse Bänke, welche bei Springtiden (zur Zeit des Voll- und Neumondes) trocken laufen oder nur mit so wenig Wasser bedeckt bleiben, dass man sie zu Fuss besuchen und die Austern mit den Händen aufnehmen kann. Bei Cancale gehen gleichzeitig Caravanen von 500 bis 1000 Menschen, meistens Frauen und Kinder, zum Austernfang auf die freigegebenen Bänke.

Einer der besten trockenlaufenden Austerngründe in der Bucht von Arcachon, Le Cés genannt, hat eine Ausdehnung von 11 Hektar. Wenn hier der Austernfang gestattet ist, so gehen gewöhnlich Frauen, in Reihen von je zehn aufgestellt und von zwei Männern geführt, über die Bank. Dabei sammeln sie die Austern in Säcke, welche ihnen nachfolgende Frauen abnehmen, sobald sie gefüllt sind, um sie in grössere Körbe zu entleeren. Länger als 2 bis $2^1/_2$ Stunden kann in einer Springtide nicht gesammelt werden, weil die Bank nicht länger entblösst bleibt. Doch können 40 bis 50 Personen in dieser Zeit gegen 60,000 Austern einsammeln.

Jede so befischte Stelle wird sofort mit vier Baken abgesteckt, damit sie in demselben Jahre nicht noch einmal abgesucht werde und damit man sie später wieder auffinden könne, wenn sie mit Austern- und Herzmuschelschalen, als Sammelkörpern für die Brut, bestreuet werden soll.

Durch diese strenge Schonung ist die Keimfruchtbarkeit der 19 Austernbänke, welche die Bucht von Arcachon enthält, obwohl dieselben bis zum Anfang der siebziger Jahre fast ganz erschöpft waren, wieder so hoch gestiegen, dass das Wasser der Bucht vom Juni bis in den August mit Austernschwärmlingen erfüllt ist. Daher ist es auch kein Wunder, dass auf einzelnen Ziegeln, welche an guten Plätzen niedergelegt sind, zuweilen 1000 bis 1500 junge Austern gefunden werden.

Nach einem im Januar 1877 erschienenen amtlichen Berichte über den Stand der französischen Austernzucht[1]) waren im Jahre 1876 in den Mästungsteichen zu beiden Seiten der Seudremündung 80 Millionen Austern, bei Oléron 7 Millionen, bei Sables d'Olonne 10 Millionen, bei Lorient ebensoviel und bei Courseulles-sur-Mer 20 bis 30 Millionen.

Diese ausserordentlichen Erträge der Austernbetten an der Westküste von Frankreich beruhen auf der sorgfältigen Erhaltung eines reichen Bestandes fortpflanzungsfähiger Austern auf den natürlichen Bänken, besonders in der Bucht von Arcachon und an der Küste der Bretagne bei Auray und an der Küste der Normandie bei Vaast de la Hogue, Cancale und Granville. Tausende von Menschen sind beschäftigt, die ungeheuren Scharen von Schwärmlingen, welche von diesen Bänken ausgehen, künstlich einzufangen, sie vor Feinden zu schützen und dann in die zahlreichen Mästungsteiche an verschiedenen Küstenpunkten zu verpflanzen, wo sie schliesslich durch sorgsame Pflege zur Marktgrösse herangezogen werden.

Die französische Austernwirthschaft beschäftigt bei Vaast de la Hogue täglich 300 Personen, bei Cancale 4000 Personen. In dem Distrikte von Auray betrug im Jahre 1876 die Zahl der gesammten Arbeitstage für alle bei der Austernwirthschaft beschäftigten Männer, Frauen und Kinder 89,678.

Zum Einfangen der Schwärmlinge legte eine Austernzuchtgesellschaft in Arcachon 110,000 Ziegel aus. Bei Vannes verwendete man dazu im Jahre 1876 300,000 Ziegel und bei Oléron ebensoviel. Bei Auray wurden 1874 sogar 2,580,000 Stück Ziegel zum Einfangen der Brut ausgelegt.

Bei Lorient dienen zur Aufzucht und Mästung junger Austern 60,000 Tröge von Cement, die 50 Centimeter lang und 30 bis 40 Centimeter breit sind. In ihnen bleiben auch bei niedrigen Ebben stets 10 bis 12 Centimeter Wasser über den Austern stehen.

Bei St. Vaast de la Hogue sind 185 Austernbetten, die 88 Hektar einnehmen, bei Cancale umfassen die künstlich hergestellten Austernlager 172 Hektar. Bei Auray ist der Austerngrund über 300 Hektar gross. Hier sind 277 Lagerbetten und 20 Mästungsteiche eingerichtet. In der Bucht von Arcachon befanden sich 1876 3317 Austernbetten. Bei Marennes und Tremblade an der Seudre waren 1876 13,526 künstliche Austernanlagen auf einem Flächenraum von 4000 Hektar. Hier sind die Mengen der ankommenden und abgehenden Austern so gross, dass man Maschinen zum Sortiren derselben erfunden hat. Mit Hülfe einer Maschine können in einem Tage zwei Frauen 30—40,000 Stück sortiren. Eisenbahnen verbinden die Mästungsteiche mit den Reinigungsbassins und Verpackungshäusern und mit den Anlegestellen der Böte, welche junge Austern von den Bänken und Brutanstalten zur Mästung heranbringen.

Man sieht aus diesen Zahlen, wie grosse Flächenräume, was für Geldsummen und wie viel menschliche

Arbeitskraft erforderlich sind, um von den Austernschwärmlingen, welche im Meere unter natürlichen Verhältnissen entstehen, so grosse Menge Austern gross zu ziehen, wie jetzt die französischen Austernzüchter auf den Markt bringen. Das ursprüngliche Ziel Coste's, die ganze Küste Frankreichs mit einer zusammenhängenden Kette von Austernbänken zu umgeben, ist nicht erreicht worden; aber künstliche Austerngärten sind jetzt in Folge seiner Bestrebungen und Experimente an vielen geeigneten Stellen von der Normandie bis südlich von der Mündung der Gironde eingerichtet. Begünstigt durch die zahlreichen Buchten und die milde Temperatur ihres Küstenmeeres haben die Franzosen durch Fleiss, Ausdauer und Erfindung neuer Methoden die Austernwirthschaft in kurzer Zeit zu einem so hohen Grade der Entwicklung gebracht und ihr einen solchen Umfang gegeben, dass dieselbe in ihrem gesegneten Lande jetzt zu denjenigen Kultur-Industrien zu zählen ist, durch welche sich der Mensch Pflanzen und Thiere in grossen Massen dienstbar macht.

Schon oft sind die grossen Zahlen der französischen Austernwirthschaft den deutschen Küstenbewohnern vorgehalten worden, um sie aufzufordern, auch in ihren Meeren Anstalten für solche köstliche Ernten einzurichten.

Die Schriftsteller, welche das thaten, kannten weder die Natur der Austern, noch die Eigenschaften unserer Meere. Ebenso gut hätten sie den Bewohnern des Gebietes der Unterelbe zurufen können: Legt doch Weingärten an, denn 1874 sind im Departement Loire inférieure 1,914,427 Hektoliter und im Departement Gironde 5,123,643 Hektoliter Wein erzeugt worden! —

Wie den Egyptern weiter nichts fehlt als Wasser, um in der Wüste zwischen Cairo und Suez Datteln und Wein in Fülle zu ziehen, so fehlen uns blos milde, eisfreie Winter und Sicherheit gegen die Gewalt der Sturmfluthen, um auf den Schlickwatten der Nordsee künstliche Austern-zucht zu treiben. Nahrung würde dort für Milliarden Austern genug vorhanden sein. —

Einfacher als die neue französische ist die alte englische Austernwirthschaft. Ihre Arbeiten bestehen hauptsächlich in der Versetzung junger Austern von den natürlichen Bänken des Küstengebietes auf Mästungsgründe in den Flussmündungen, um sie daselbst fetter und wohlschmeckender zu machen; ferner in der Reinigung der Austernlagerstätten von Schlick und Pflanzen, in der Vernichtung von Austernfeinden und in der Verbesserung des Grundes durch Ausstreuen von Austern- und anderen Muschelschalen.

In vorzüglicher Weise werden diese Arbeiten in Whitstable ausgeführt, wo eine Austerngilde besteht, welche sich ein Alter von sechs- bis siebenhundert Jahren zuschreibt. Sie zählt über vierhundert Mitglieder, welche mit 120 Fahrzeugen arbeiten. Nur Söhne früherer Mitglieder werden in diese Gilde aufgenommen. 1793 wurde derselben ein gegen 2 englische Meilen langer und eben so breiter Austerngrund in der Themsemündung, den sie bis dahin nur gewohnheitsmässig in Anspruch genommen hatte, durch Parlamentsbeschluss als Eigenthum zugesprochen.

Er besteht theils aus natürlichen Bänken mit Natives, theils aus Gründen, wo Austern aus der offenen See niedergelegt werden, um Brut zu erzeugen; theils aus

Gründen, wohin man Austern von Bänken des Küstengebietes zum Fettwerden verpflanzt. Um diese Austerngründe immer mehr zu verbessern, versorgt man sie oft mit leeren Austernschalen, die hauptsächlich London zurückliefert. Die Whitstabler halten eine dicke Schicht von Austernschalen für den vorzüglichsten Austerngrund, und sind stolz darauf, dass sie den „besten der Welt" besitzen, wie ich selbst aus ihrem Munde hörte. Auf ihren Mästgründen ist die Reifefruchtbarkeit der Auster sehr schwach.

Aehnlich wie in Whitstable wird die Austernwirthschaft auch in Colchester, Burnham und anderen Oertern der Ostküste Englands betrieben, von wo aus viele Austern nach Ostende gehen.

Versuche, nordamerikanische Austern lebend nach England zu bringen und in den dortigen Betten niederzulegen, sind nicht so ausgefallen, dass sie Nachahmung verdienten. Wenn es aber gelingen sollte, den vortrefflichen englischen Mästungsgründen grosse Quantitäten junger Austern aus den Zuchtanstalten der Normandie und Bretagne zuzuführen, so würde die englische Austernzucht wahrscheinlich einen bedeutenden Aufschwung nehmen.

Die nordamerikanische Austernwirthschaft ist der englischen sehr ähnlich.

In geschützten, schlickhaltigen Buchten und Flussmündungen legt man in der Nähe der Küste grosse Mengen junger Austern, die auf frei liegenden Bänken gefischt wurden, nieder, um sie zu mästen, also wie bei Whitstable und anderen westeuropäischen Austernplätzen. Man wählt auch in Nordamerika zu Austernbetten nur solche Stellen, wo die Austern gegen Frost und Hitze geschützt sind. Sie erlangen auf nahrungsreichen Plätzen in zwei bis drei Jahren Marktgrösse.

Die nordamerikanische Auster ist eine andere Art als die europäische. Ihr wissenschaftlicher Name ist Ostrea virginiana. Sie hat in der Richtung von dem Schalenband nach dem Schliessmuskel eine grössere Ausdehnung als die westeuropäische Auster (Ostrea edulis) und die eine Klappe ist gewöhnlich mehr vertieft als bei unserer Auster.

Versuche, Austernbrut nach der französischen Methode künstlich einzufangen und aufzuziehen, hat man in Nordamerika sehr wenige gemacht. Die natürlichen Bänke bringen dort noch so viel Junge hervor, dass alle Austernbetten reichlich und billig damit versorgt werden können.

In Nordamerika wurden in den letzten Jahren durchschnittlich gegen 30 Millionen Bushel Austern auf den Markt gebracht; das sind 9 bis 12 Milliarden Austern, da ein Bushel 300 bis 400 Stück enthält. 1859 betrug die Menge der verkauften Austern 6—8 Milliarden.

Die Hauptmärkte der nordamerikanischen Austern sind Baltimore und New-York. 1867 fanden bei dem Austernhandel in Baltimore über 10,000 Menschen Beschäftigung. Der New-Yorker Austernhandel setzte im Anfang der siebziger Jahre jährlich über 8 Millionen Dollar um.[2])

Die Austern sind in Nordamerika so gut und so billig, dass sie von allen Klassen täglich genossen werden. Dort sind sie also seit langer Zeit ein wirkliches Volksnahrungsmittel.

Diese beneidenswerthe Thatsache ist durchaus kein Beweis gegen die Schädlichkeit einer fortgesetzten, starken Befischung der Austernbänke. Man darf die Grösse des nordamerikanischen Austerngebietes und die Zahl der Einwohner von Nordamerika nicht ausser Acht lassen, wenn man jene grossen Summen in der nordamerikanischen Austernstatistik richtig beurtheilen will.

Das Gebiet der nordamerikanischen Austern hat eine sehr grosse Ausdehnung. Es zieht sich an dem grössten Theile der Ostküste der Vereinigten Staaten entlang. Austern werden gefangen von Cap Hatteras in Nordkarolina bis zur Mündung des Lorenzstromes. Besonders reiche Austerngebiete sind die Chesapeake Bai und die Delaware Bai.

In den Vereinigten Staaten wohnen jetzt 52 Millionen Menschen. In Deutschland, Frankreich und England zusammen über 109 Millionen. In Nordamerika stehen also einer kleineren Summe Menschen grössere Austernvorräthe zur Verfügung als in Europa. Mit der Zahl der Austernesser werden in Amerika sicherlich auch die Austernpreise steigen; man wird dann auch dort in die Versuchung kommen, die Bänke stärker als bisher zu befischen; und wenn man sich nicht durch die traurigen Erfahrungen der europäischen Austernwirthschaft zur rechten Zeit warnen lässt, so wird auch dort nach den biocönotischen Gesetzen, welche in dem zehnten Kapitel dargestellt sind, eine Verarmung der Austernbänke eintreten müssen. Wie der Mensch die grössten Urwälder ausgerottet hat, so kann er auch die reichsten Austernbänke erschöpfen.

In England hat man jetzt auch eingesehen, dass eine regelmässige Schonung der natürlichen Austernbänke unerlässlich ist, wenn sie auf die Dauer gleichmässig produktiv bleiben sollen.

Eine im Frühjahr 1876 in London tagende Commission zur Untersuchung der englischen Austernfischerei hat dem Parlament empfohlen, das Fischen von Austern vom 1. Mai bis zum 1. September gesetzlich zu verbieten und bestimmte Austerngebiete für gewisse Zeiträume gänzlich ruhen zu lassen. Während der gesetzlichen Schonzeit soll der Handel mit Austern zum Zweck des Essens bei Geldstrafe untersagt werden, doch soll es gestattet sein, auch in der Schonzeit Austern, welche in gesetzlich zulässiger Weise auf öffentlichen Gründen gefangen worden sind, zum Zwecke der Erhaltung und Verbesserung zu verpflanzen.

Auf den Bänken des offenen Meeres soll die Schonzeit nur vom 15. Juni bis Ende August dauern, weil sie in den rauhen und stürmischen Jahreszeiten selten befischt werden können. Die in den Handel kommenden Seeaustern sollen aber wenigstens 2,5 bis 3 Zoll Durchmesser haben.[3])

Auf den schleswig-holsteinischen Bänken ist seit langer Zeit eine Schonung eingeführt, welche vom 9. Mai bis zum 1. September dauert. Auch dürfen hier die Fischer keine Austern unter $2^1/_2$ Zoll Durchmesser von den Bänken entfernen. Alle Austern, welche dieses Maass nicht haben, müssen sie wieder ins Meer zurückwerfen. Beide Bestimmungen sind stets befolgt worden, aber trotzdem hat im Laufe der beiden letzten Jahrzehnte die Reifefruchtbarkeit der Bänke im Vergleich mit früheren Pachtzeiten bedeutend abgenommen. Der Zweck der Schonzeit und eines Minimalmaasses für die Marktaustern, den Bänken ihre Verjüngungsfähigkeit ungeschwächt zu erhalten, wurde also in der Zeit der hochsteigenden Austernpreise nicht mehr erreicht. Es ist daher nicht genug, Schonzeiten und Minimalmaasse anzuordnen und darüber zu wachen, dass ihnen entsprechend gefischt werde, wenn man nicht zugleich auch verhindert, dass in der Fangzeit zu viel Austern von den Bänken weggenommen werden.

Welche Menge ist aber zu viel? Für die schleswig-holsteinischen Bänke ist eine Grundlage zur Bestimmung der erhaltungsmässigen Menge Austern, welche von denselben weggenommen werden dürfen, ohne ihrer Produktivität zu schaden, durch die Ermittelung ihrer Reifefruchtbarkeit gewonnen. Da diese im Durchschnitt 421 pro Mille beträgt, so dürfen von 1000 anwesenden vollwüchsigen Austern jährlich nicht mehr als 421 gefischt werden; auf einer Anzahl Bänke, die eine geringere Reifefruchtbarkeit haben, darf man nicht einmal so viel fangen. Auf der Bank Huntje, deren Reifefruchtbarkeit stärker als 421 pro Mille ist, können jährlich 484 auf 1000 entfernt werden, ohne die Reifefruchtbarkeit zu schwächen, da jährlich ebenso viel Junggutaustern zu Marktaustern heranwachsen.

Da die Reifefruchtbarkeit aber durch eine Verhältnisszahl ausgedrückt wird, so ist aus derselben nicht ohne Weiteres die absolute Zahl von vollwüchsigen Austern abzuleiten, welche in einer Fangperiode von einer Bank entfernt werden dürfen. Dazu gehört noch, dass man weiss, wie dicht die vollwüchsigen Austern liegen, wenn in der That ein genügendes Maass vorhanden ist, um der Bank ihre durchschnittliche Reifefruchtbarkeit zu sichern.

Auf Bänken, welche bei Springtiden trocken laufen, wie in der Bucht von Arcachon und bei Cancale, ist es nicht schwer, zu beobachten, wie viel vollwüchsige Austern auf einem Quadratmeter sein müssen, wenn die Bank den höchsten Grad ihrer Reifefruchtbarkeit entfalten soll; denn sie liegen dann alle so frei, dass man sie zählen kann.

Viel ungünstiger gegenüber dieser Aufgabe sind die immer unter Wasser bleibenden Bänke des deutschen und englischen Küstenmeeres und der offenen Nordsee. „Solche Bänke werden Taucher am besten untersuchen können", ist mir schon wiederholt gesagt worden. Denn bedeckt mit ihrem Taucherhelm, der vor den Augen mit Gläsern versehen ist, können sie, wie man sich vorstellt, alles sehen, was am Grunde des Meeres liegt. Das ist ein Irrthum; denn in flachen Küstenmeeren, welche Ebbe und Fluth haben, ist das Wasser durch schwebende Bodenstoffe so sehr getrübt, dass nur wenig Licht bis an den Grund hinabdringt. Aber selbst in klarem Wasser würde der Taucher nicht im Stande sein, die Zahl der Austern durch das Gesicht zu ermitteln; denn wohin er tritt, trübt er das Wasser, indem er die leichteren Bodenbestandtheile aufwühlt. Und so wäre er hauptsächlich auf das Betasten und Ergreifen der Austern mit der Hand angewiesen, was sich durch Anwendung des Schleppnetzes vollkommen ersetzen lässt. Denn das Schleppnetz füllt sich, während es über den Grund geht, nicht nur mit Bestandtheilen des Bodens an, sondern auch mit den Bewohnern desselben. Versetzt man den Inhalt des gezogenen Netzes in grössere Gefässe oder Aquarien mit Seewasser, so nehmen die Thiere bald wieder ihre gewohnten Stellungen und Bewegungen an; man hat sie also nun im ruhigen und klaren Wasser gerade so vor sich, wie sie am Meeresboden leben.

Ein Aquarium mit den lebendigen Thieren einer Austernbank ist ein Ausschnitt aus der Bank selbst.

Indem ich viele solche Ausschnitte im Geiste vereinige, schaffe ich mir ein Bild des belebten Meeresgrundes, wie es ein Taucher niemals erblicken würde.

Ich sehe den Boden mit Austernschalen bedeckt, auf welchen hier und da eine geöffnete Auster liegt, die den gefransten Saum ihres Mantels aus der Schale heraustreten lässt. Auf ihrer oberen Schale wachsen Polypen, deren Fühlfäden wie zarte, vielstrahlige Sterne entfaltet sind. Einsiedlerkrebse klettern, ihr Schneckenhaus mit sich tragend, über den höckerigen Boden hin und tasten, mit ihren Fühlfäden trippelnd, nach Nahrung. Würmer stecken ihre Köpfe aus Röhren und Spalten hervor. Seeigel strecken ihre Saugfüsse weit über die Spitzen ihrer Stacheln hinaus und ziehen sich langsam an einem Stein hinauf. Ein Seestern hat mit hochgehobenem Rücken eine Muschel umklammert, um sie auszusaugen. Ein kleiner Fisch fährt unter einer geöffneten Auster hervor und schnappt die Schwärmlinge weg, die sie ausstösst.[4])

Von diesem Leben auf der Austernbank würde der Taucher sehr wenig oder gar nichts sehen, selbst wenn er ein Zoologe wäre; denn sobald er sich, niedertauchend, dem Grunde näherte, würden die Austern sich schliessen, die Krebse und Würmer sich verkriechen und die Fische wegschwimmen.

Dieses Bild von einem Stückchen des wirklichen reichen Lebens auf einer Austernbank entwarf ich deshalb, um jedem begreiflich zu machen, dass man durch das Schleppnetz die Austernbänke recht gut kennen lernen kann. Es lässt sich daher auch anwenden, die Lagerungsdichte der Austern auf denselben zu bestimmen. Man braucht nur die Länge des Weges zu messen, den es zurücklegt, während es Austern aufnimmt. Auf den schleswig-holsteinischen Bänken wurde dies bei den Besichtigungen der letzten Jahre auf folgende Weise ausgeführt.

An dem Punkte, wo das Schleppnetz an den Grund gelassen wird, wirft man zu gleicher Zeit eine leere Tonne über Bord, an der durch ein Tau ein schweres Gewicht befestigt ist. Das Gewicht sinkt an den Grund und hält die an der Oberfläche schwebende Tonne fest. Mit dem Tau der Tonne ist eine Messleine verbunden, welche von einer Rolle abläuft, so lange das Fahrzeug vorwärts geht und das Netz über die Austernbank hinschleppt. Die Schneide und die Oeffnung unserer grösseren Austernnetze sind ein Meter breit. Lassen wir sie so lange über die Bank hingehen, bis 100 Meter Leine abgelaufen sind und finden wir dann in dem Beutel 50 Austern, so kommt eine Auster auf 2 Quadratmeter Bankfläche.

Befischt man in solchen abgemessenen Linien nach verschiedenen Richtungen eine Austernbank, deren Länge und Breite bekannt ist, so gewinnt man eine Grundlage, die Zahl ihrer Austern gewiss eben so sicher wie ein Taucher abzuschätzen, und dabei wie viel leichter und schneller!

Ist die Verhältnisszahl der Reifefruchtbarkeit einer derart befischten Bank berechnet, so lässt sich nun bestimmen, wie viel Stück Austern von derselben entfernt werden können, ohne ihrer Produktivität zu schaden.

Die Praktiker werden dieser Methode den Vorwurf machen, dass sie zu umständlich sei und trotzdem nicht dahin führe, die Zahl der Austern genau zu bestimmen. Sie werden aber zugeben müssen, dass es kein besseres

Mittel giebt, die Lagerungsdichte der Austern bedeckter Bänke mit annähernder Genauigkeit ausfindig zu machen.

Ein geübter Austernfischer, der seine Bänke seit vielen Jahren kennt, wird, ohne dass er mit der Messleine fischt, bemerken, ob die Austern in der erhaltungsmässigen, mittleren Dichte auf einer Bank liegen, oder ob sie verarmt ist. Er wird dies aus der Anzahl der Austern schliessen, welche er bei einer gewissen Geschwindigkeit seines Fahrzeuges und einer gewissen Dauer des Netzzuges fängt. Daher werden Behörden, welche die Austernfischerei beaufsichtigen, sich auch kundiger Fischer bedienen können, um den Bestand der Austernbänke erforschen zu lassen, ehe sie für jede Fangzeit bestimmen, an welchen Stellen und wie viel gefischt werden darf.

Die Aufseher der Austernwirthschaft bei Arcachon haben nach mehrjährigen Beobachtungen sicherlich ein Urtheil über das nothwendige Maass von Zuchtaustern erlangt, welches erforderlich ist, um den Bänken diejenige Fruchtbarkeit zu erhalten, welche zum ungestörten und lohnenden Betrieb der dortigen Austernwirthschaft nöthig ist.

In dem Berichte über die französische Austernwirthschaft vom Januar 1877 heisst es: „Obgleich die natürlichen Bänke in der Bucht von Arcachon als die Herde der Reproduktion angesehen werden, so lässt die Regierung dennoch in jedem Jahr einige Stunden daselbst fischen, um das Uebermaass an Austern abzuführen.“

Das ist ein Grundsatz, den eine verständige Austernwirthschaft überall befolgen muss, wo sie möglichst hohe Erträge gewinnen will. Sie lässt daher auf keiner Bank die Austern das Alter ihrer grössten Körperfülle und Keimfruchtbarkeit überschreiten oder gar dieselben so lange liegen, bis sie vor Altersschwäche sterben, sondern sie kommt der Natur zuvor, welcher endlich ebenfalls der Tod der altersschwachen Austern eine unentbehrliche Bedingung ist, auf jeder Bank immer das höchste Maass von Jungen zu erzeugen und zur Reife zu bringen.

Ich halte es daher auch nicht für richtig, bestimmte Austernstätten auf längere Zeit gar nicht zu befischen. So hat die französische Regierung den Austernfang auf einem Striche, der an den Grenzen der Austerngebiete von Cancale und Granville liegt, gänzlich verboten, in der Absicht, dort einen unberührten Stock von Mutteraustern zu erhalten, von deren Schwärmlingen sie die Verjüngung der verarmten Bänke beider Gebiete erwartet. Auf solchen unbefischten Bänken muss bald das natürliche biocönotische Gleichgewicht eintreten, zu welchem auch ein gewisses Durchschnittsmaass von Keimfruchtbarkeit gehört. Dieses wird aber bei einem gleichen Zufluss von Nahrungsstoffen etwas heruntersinken, wenn auf derselben Bodenfläche mehr überjährige, als vollkräftige Austern liegen. Man nutzt also die volle Keimbildungskraft eines Austerngebietes weniger aus, wenn man es gänzlich unberührt lässt, als wenn man es erhaltungsmässig befischt, und ausserdem verliert man auch noch die Ernten von Speiseaustern, die es liefern könnte.

Auf den schleswig-holsteinischen Bänken sind die Austern ungefähr vom siebenten bis zum zehnten Jahre in ihrem besten Alter. In wärmeren Gegenden erlangen sie ihre volle Ausbildung in kürzerer Zeit.

In den verschiedenen Gebieten des schleswig-holsteinischen Wattenmeeres erreichen die Schalen der Austern in gleicher Zeit sehr ungleiche Flächengrössen, während sie alle in ihren Dickendurchmessern mehr übereinstimmen. Daher ist es richtiger, das Minimalmaass der Marktaustern nach dem Dickendurchmesser der Schale zu bestimmen, als nach der Breite derselben. Für die schleswig-holsteinischen Marktaustern würde ein Minimalmaass von 18 Millimeter Schalendicke im geschlossenen Zustande zweckmässig sein.

Die wichtigsten Regeln für die Erhaltung und Verbesserung der natürlichen Austernbänke, als Grundlage aller Austernwirthschaft, fasse ich in folgenden Sätzen zusammen:

Eine Austernbank liefert auf die Dauer den meisten Nutzen, wenn sie stets einen erhaltungsmässigen Stock vollwüchsiger Austern behält, der ihren biocönotischen Verhältnissen entspricht.

Wo es die Naturverhältnisse gestatten, kann die Ertragsfähigkeit einer Austernbank erhöhet werden durch Verbesserung und Vergrösserung des Ansatzgrundes für die Austernschwärmlinge.

Den natürlichen Grund suche man zu verbessern durch Beseitigung von Schlick und Pflanzen mittelst der Austernnetze und geeigneter Eggen, und durch Ausstreuen von Austernschalen und Schalen anderer Muscheln.

Wo es die Umstände gestatten, zerstöre man alle in die Austernnetze gerathenden Thiere, welche Austern vertilgen oder ihnen Nahrung wegnehmen.

Zu Gunsten der Austernesser ist es zweckmässig, die Schonzeit bis zum 15. September oder bis zum 1. October zu verlängern, damit die Austern nach der Abgabe ihrer Fortpflanzungsstoffe noch einige Zeit haben, sich wieder zu mästen, bevor sie auf den Tisch gebracht werden.

Wenn die Austernbänke zum allgemeinen Nutzen der Staatsbevölkerungen und zum besonderen Vortheil der Küstenbewohner dauernd ertragfähig bleiben sollen, so darf das jährliche Maass ihrer Befischung nicht nach den Ansprüchen der Consumenten und nach der Höhe der Austernpreise bestimmt werden, sondern einzig und allein nach der Menge des Zuwachses.

Die Erhaltung der Austernbänke gehört ebenso zu den Aufgaben des Staates, wie die Erhaltung der Waldungen.

[1]) Rapport addressé au Ministre de la Marine et des Colonies sur l'Ostréicultur par M. G. Bouchon-Brandely. (Publié dans le Journal Officiel de la République française le 22. Janvier 1877.)

Auf eine Ordre des englischen Parlaments vom 17. Mai 1877 ist eine englische Uebersetzung erschienen, welche den Titel führt:

Copy of Translation of a Report made to the Minister of Marine in France, by M. G. Bouchon-Brandely, relative to Oyster Culture on the shores of the Channel and of the Ocean.

Aus diesem Bericht sind alle Mittheilungen entnommen, welche ich in dem 13. Kapitel über den neuesten Zustand der französischen Austernzucht gemacht habe.

[2]) Ueber die nordamerikanische Austernwirthschaft findet man ausführlichere Angaben in folgenden Schriften:

P. de Broca, Études sur l'industrie huitrière des Etats-Unis. Paris 1865.

Spencer F. Baird, Report on the condition of the sea fisheries of the south coast of New-England in 1871 and 1872. Washington 1873. (Oyster-beds p. 472 by A. E. Verrill.)

[3]) Report on Oysterfisheries, 1876, p. III.

[4]) Der Austernzüchter Capitän Johnston sah in künstlichen Austernlagerstätten, wie kleine Fische der Gattungen Gobius und Mullus Austernschwärmlinge verschlangen. Er fing sie nachher, öffnete ihren Magen und fand darin verzehrte Austernbrut. (Report on the Oyster Fisheries, p. 87, Nr. 1711.)

Anmerkungen zur „Auster“

von
G. Leps

[1] Jachten: Einmastiges Fahrzeug mit einem Deck und sehr langem Bugspriet (über den Schiffsbug hinausragende Segelstange).

[2] Lasten: Schiffsfrachtgewicht, das in Deutschland in 2 Tonnen = 2000 Kilogramm, in Schleswig-Holstein in 2600 Kilogramm, in Hamburg, Bremen und Lübeck in 3000 Kilogramm eingeteilt wurde.

[3] Natives: In England künstlich gezüchtete Austern.

[4] erhaltungmäßig: Möbius' theoretische und praktische Schlüsse sind an den von ihm eingeführten Begriff der „Erhaltungsmäßigkeit“ methodologisch und weltanschaulich orientiert (vgl. auch Einführung). Mit ihm drückt er materialistisches Herangehen an die objektive Realität aus. Der Erhaltungsmäßigkeit liegen die „biocönotischen Gesetze“ zugrunde („Auster“, S. 85). Möbius gelangt durch diesen Begriff zu einem genetisch-dynamischen Biozönoseverständnis.

[5] geognostisch: Frühere Bezeichnung für geologisch. Geologie, früher Gegnosie.

[6] Collin, Jonas Sigismund: Dänischer Zoologe (1840–1905). 1870 Regierungsberater für Austernfischerei.

[7] Winther, Georg Peter: Dänischer Zoologe (1844–1879). Arbeiten über faunistische, morphologische, entwicklungsgeschichtliche und hydrographische Fragen der Fische bzw. der Fischerei.

[8] Regal: Regalis (spät- und mittellateinisch) = Königsgut, Königsrecht.

[9] Keimfruchtbarkeit: Die natürliche bzw. künstlich erzeugte

oder gewünschte „Überproduktion“ von Individuen einer Art; genetisch determinierte mögliche Produktivität.

[10] Reifefruchtbarkeit: Die Menge der unter natürlichen Bedingungen überlebenden oder das durchschnittliche Höchstalter erreichenden Individuen einer Art; reale Produktivität.

[11] Kröyer, Henrik Nikolaj: Bedeutender dänischer Zoologe (1799–1870). Arbeiten über Fische und dänische Austernbänke. (Vgl. I. Scheele: Der Zoologe Henrik Kröyer (1799–1870) und die deutsch-dänischen Wissenschaftsbeziehungen. Centaurus 28 (1985) 17–30.)

[12] Wappäus, Johann Eduard: Namhafter Statistiker und Geograph (1812–1879). Übernahm 1847 die Redaktion der 7. Auflage des „Handbuches der Geographie und Statistik“ von C. G. D. Stein und F. Hörschelmann.

[13] Lebensgemeinde: von Möbius 1886 durch das heute noch gebräuchliche Wort „Lebensgemeinschaft“ ersetzt (vgl. Möbius’ Schrift „Die Bildung, Geltung und Bezeichnung der Artbegriffe ...“, S. 9.

[14] Von βιογ, das Leben, und χοιυόεω, etwas gemeinschaftlich haben.

[15] Baird, Spencer Fullerton: Bedeutender Zoologe in den U.S.A. (1823–1887). Führte die Methode des botanischen und zoologischen Feldstudiums ein. Darwinist. Begründer der „Baird School“ der Ornithologie. Organisierte 1871 die United States Commission of Fish and Fisheries. (Vgl. David Starr Jordan: Spencer Fullerton Baird and the U.S. Fish Commission Sci. Mo., Aug. 1923.)

Karl August Möbius, ökologische Veröffentlichungen

1864: Über meine und Herrn H. A. Meyer's Untersuchungen der wirbellosen Tiere der Kieler Bucht. Mitteilungen des Vereins nördlich der Elbe, Heft 6, 1863, S. 6–11; aus: Bericht über die 12. Versammlung des Vereins für Verbreitung naturwissenschaftlicher Kenntnisse. Kiel 1863.

1865: Fauna der Kieler Bucht, Bd. I. Leipzig.

1866: Mitteilungen aus dem Leben verschiedener Wassertiere. Zool. Garten 7, 369–373.

1871: Wo kommt die Nahrung für die Tiefseetiere her? Z. wiss. Zool. 21, 294–301. Übersetzung in: Ann. Mag. nat. Hist. 8 (1871) 193–203.

1871: Über die im Juli und August unternommene wissenschaftliche Expedition zur Erforschung der Ostsee. Tagebl. 44. Vers. deutsch. Naturf., S. 39–43.

1871: Das Tierleben am Boden der deutschen Ost- und Nordsee. Berlin, 32 S.

1872: Fauna der Kieler Bucht, Bd. II. Leipzig.

1872: Die faunistischen Untersuchungen in der Ostsee im Jahre 1871 auf der Expedition S.M.S. Pomeriana. Zool. Garten 13, 276–280; auch in: Circular deutsch. Fischerei-Ver. 1872, Nr. 1, 13–15.

1873: Die Wirbellosen Tiere der Ostsee. Ber. Comm. wiss. Unters. deutsch. Meere in Kiel für das Jahr 1871, S. 97–144; Schlußbemerkungen übers. in: Ann. Mag. nat. Hist. 12, 81–89.

1873: Die Fische, welche während der Pommeraniafahrt in der Ostsee beobachtet wurden. Ber. Comm. wiss. Unters. deutsch. Meere in Kiel, S. 145–147.

1873: Die auf der Fahrt nach Arendal gefangenen Tiere. Ber. Comm. wiss. Unters. deutsch. Meere in Kiel, S. 149–150; 153–154.

1873: Die hauptsächlichsten Ergebnisse einer Expedition zur Erforschung der Ostsee. Schrift. naturwiss. Ver. Schleswig-Holstein, Bd. 1, S. 21–22 u. 34.

1873: Die Nahrung der Heringe im Kieler Hafen. Schrift. naturwiss. Ver. Schleswig-Holstein, Bd. 1, S. 32–33.

1873: Die abgesonderte Ausstellung der wissenschaftlichen Kommission für die Erforschung der deutschen Meere in Kiel. Circular deutsch. Fischerei-Ver., 1872, S. 110–112.

1875: Zoologische Ergebnisse der Nordseefahrt. Ber. Komm. wiss. Urnters. deutsch. Meere Kiel. S. 143–152 (Zus. mit O. Bütschli); S. 153–172; S. 269–276; S. 311–316 (zus. mit F. Heincke).

1876: Die äußeren Lebensverhältnisse der Seetiere. Tagebl. 49. Versamml. deutsch. Naturf., Beilage, S. 20–25; auch in: Zool. Garten 18 (1877) 105–119; und in: Circular. deutsch. Fischerei-Ver., 1877, S. 194–201.

1876: Über ein Korallenriff bei Mauritius und über die landschaftlichen Charaktere von Mauritius. Schrift. naturwiss. ver. Schleswig-Holstein, Bd. 2, H. 1, S. 222–224.

1877: Die Auster und die Austernwirtschaft. Berlin, 133 S.: übers. in: United States Commission of Fish and Fisheries, Part 8, S. 683–824, 1883.

1877: Die Ost- und Nordsee nach den neuern deutschen Untersuchungen. Natur (N. F.), Bd. 3, S. 578–580, 636–639, 664–666.

1878: Untersuchungen über die Nahrung der Heringe im Jahre 1875–1876. Jahresber. Comm. wiss. Unters. deutsch. Meere Kiel, S. 173–174.

1878: Die Hauptergebnisse der neueren Meeresforschung. Deutsche Revue, 3, 1, 114–122.

1879: Blicke in das Tierleben des Meeres. Eine Lebensgemeinde oder Biozönose der Ostsee. Deutsche Revue, 3, 265–270.

1880: Medusen werden durch Frost getötet. Zool. Anz., 3, 67–68.

1880: Die Nahrung der Seetiere, Tagebl. 53. Versamml. deutsch. Naturf., Danzig, S. 97–100; auch in: Zool. Garten (1881) 208–212; übers. in: Rep. U.S. Fish Comm. f. 1879, S. 485–489.

1880: Über einen neuen Versuch, Austernbänke in der Ostsee anzulegen. Tagebl. 53. Versamml. deutsch. Naturf., S. 214.

1880: Verbreitung wirbelloser Seetiere und Seefischerei. Zool. Jahresber. f. 1879, S. 56–79.

1882: Über den Einfluß der Nahrung auf die Verbreitung und die Wanderungen der Tiere. Deutsch. geogr. Blätter, Bd. 5, S. 223–238.

1882: Die Auster, ihre natürlichen Lebensverhältnisse und ihre künstliche Zucht. Westermanns Monatshefte, Bd. 52, S. 226–236.

1883: Können wir dazu beitragen den Bestand unserer nutzbaren Seetiere zu vermindern, zu erhalten oder zu vermehren, Vortrag im Fisch.-Ver. f. Schleswig-Holstein zu Neumünster, 11 S.; auch in: Zool. Garten 24, 305–312; übers. in: Bull. U. S. Fish Comm., Bd. 3, S. 393–400.

1883: Über den im Jahre 1880 begonnenen Versuch, nordamerikanische Austern in der westlichen Ostsee anzusiedeln und die zweckmäßige Fortführung derselben. Circulare deutsch. Fischerei-Ver., S. 68–71; übers. in: Bull. U.S. Fish Comm., Bd. 3, S. 213–217.

1884: Bericht über Auslegung kanadischer Austern bei der Insel Aarö im Kleinen Belt. Circulare deutsch. Fischerei-Ver., S. 239–241.

1886: Über Vergiftungsfälle durch Miesmuscheln (Mytilus edilis). Zool. Garten 27, 63–66.

1886: Mitteilungen über die giftigen Wilhelmshavener und die nicht giftigen Kieler Miesmuscheln. Schrift. naturw. Ver. Schleswig-Holstein, Bd. 6, H. 2, S. 3–12.

1886: Die Bildung, Geltung und Bezeichnung der Artbegriffe und ihr Verhältnis zur Abstammungslehre. Jena 1886, 36 S.

1887: Schlußbericht über den Versuch des deutschen Fischereivereins, kanadische Austern in der Ostsee anzusiedeln. Mitt. Section Küsten-Hochsee-Fischerei, S. 2–6.

1887: Kann an der deutschen Nordseeküste künstliche Austernzucht mit Gewinn betrieben werden? Mitt. Section Küsten-Hochsee-Fischerei, S. 34–30.

1890: Die Prinzipien der neozoologischen und paläozoologischen Klassifikation. SB Ges. naturf. Freunde Berlin, S. 184–187.

1891: Nachbildungen einer Austernbank und eines Koralienriffes in der zoologischen Schausammlung. SB Ges. naturf. Freunde Berlin, S. 147–148.

1891: Die mutmaßlichen Ursachen der großen Anzahl tierischer Hauptformen im Meere. SB Ges. naturf. Freunde Berlin, S. 189–190.

1893: Über die Tiere der schleswig-holsteinischen Austernbänke, ihre physikalischen und biologischen Lebensverhältnisse. SB Akad. Wiss. Berlin, S. 67–92.

1893: Nahrung und Eier des Nagelrochens, Raja clavata L. SB Ges. naturf. Freunde Berlin, S. 168.

1893: Ein Pil (Cordyceps robertsi) auf einer neuseeländischen Raupe. SB Ges. naturf. Freunde Berlin, S. 242.

1904: Die Lebensgemeinschaften im naturkundlichen Unterrichte. Natur und Schule, Bd. 3, S. 289–292.

Band 297
CHARLES BONNETS
Systemtheorie und Philosophie organisierter Körper
Mit einer kommentierten Übersetzung der „Philosophischen Prinzipien" (1754)

Übers., Einl. u. Anm.: T. Cheung
161 Seiten, kt.,
ISBN 3-8171-3297-2

Der Naturforscher Charles Bonnet (1720-1793) entdeckte die Parthenogenese bei Blattläusen und stützte die damals viel diskutierte Präformationstheorie. Die Veröffentlichung seiner Beobachtungen und Versuche an Insekten, an die er eine „Stufenleiter der Wesen" anfügte, verschaffte ihm wissenschaftliche Anerkennung. Durch ein augenleiden am Forschen gehindert, wandte sich Bonnet zunehmend philosophischen Fragen zu, baute seine Vorstellungen über das Verhältnis von Körper und Seele als Grundlage physiologischer Prozesse sowie über die Stufenleiteridee, die von den Elementen bis zum Menschen reicht, weiter aus und gewann damit großen Einfluss auf die zeitgenössische Naturanschauung.
Bonnet entwickelte seine Systemtheorie auf drei Ebenen, die hier vorgestellt werden. Anfangs wird eine allgemeine Theorie der Entwicklung organisierter Körper entworfen. Die beiden folgenden Ebenen rekonstruieren die Theorie der Reproduktion präkoordinierter Keim-Faser-Einheiten und die Philosophie des Organischen. Die sich hierbei ergebende Frage nach dem Ursprung organismischer Organisation wird anhand der Athée-Debatte im Briefwechsel mit Albrecht von Haller diskutiert. Ferner wird auf die Rolle, die Bonnets Systemtheorie in seiner Zeit spielte, eingegangen.

OSTWALDS KLASSIKER DER EXAKTEN WISSENSCHAFTEN

Band 277

J.-P. de Lamarck
Zoologische Philosophie
Teil 1-3

Hrsg.: I. Jahn
628 Seiten,kt.,
ISBN 3-8171-3409-6

Der Zoologe und Botaniker Jean Baptiste Lamarck (1744-1829) erlangte seine Hauptbedeutung auf zoolgischem Gebiet, einmal durch Erforschung und Klassifizierung der wirbellosen Tiere, zum anderen durch eine erstmals abgerundete Entwicklungstheorie.
Lamarcks „Philosophie zoologique“ behandelt die Klassifikation der Tiere von den einfachsten Tiergruppen bis zu den Säugetieren und Menschen und enthält eine detaillierte Erläuterung der Faktoren und Mechanismen, welche die natürliche Entwicklung der Organismen bedingen. Als erster Versuch einer theoretischen Biologie ist sie ein Markstein in der Geschichte der Biologie.
Für den Neuabdruck wurde die Übersetzung von A. Lang (1876) im Vergleich mit dem französischen Originaltext kritisch überarbeitet und stilistisch und orthographisch modernisiert.
Allzuoft wurde das Werk auf den Lamarckismus und die Formel „Vererbung erworbener Eigenschaften“ reduziert. Die vollständige „Philosophie zoologique“ ist jedoch auch eine Zusammenfassung Lamarcks spezieller Theorien, die seine Entwicklungstheorie und deren Ursprung verständlich machen.

OSTWALDS KLASSIKER
DER EXAKTEN WISSENSCHAFTEN

Band 275
M. SCHLEIDEN · T. SCHWANN · M. SCHULTZE
Klassische Schriften der Zellenlehre

Einl. und Bearb.: I. Jahn
166 Seiten, kart.
ISBN3-8171-3407-X

Aus Schleidens Arbeit „Beiträge zur Phytogenesis" resultierte die Erkenntnis, daß die Entstehung und Weiterentwicklung der Zelle bereits den Schlüssel für die Entstehung aller übrigen Gewebeteile und letztlich für die Gestaltbildung der gesamten Pflanze enthält. Die morphogenetische Bedeutung der Zelle und ihres Kerns war der Hauptaspekt dieser neu begründeten Zellenlehre, die allerdings auch falsche Hypothesen, u.a zur Zellbildung, enthielt, die erst später berichtigt wurden.

Schwanns Zellentheorie verhalf der materialistischen Konzeption und Kausalanalyse in der Tierphysiologie und Embryologie zum Durchbruch. Er erhebt das Entwicklungsprinzip zum allgemeinen Forschungsgrundsatz in der Histologie und stellt das Zellindividuum in den Mittelpunkt mikroskopischer und experimenteller Forschung.

Die Arbeit von Schultze reformierte die Zellentheorie, indem er dem alten Zellbegriff einen neue Bedeutung gab und außerdem die Brücke zur Protozoenforschung schlug. So fand die von Schleiden und Schwann eingeleitete Periode der Zellenlehre mit einer Theorie der organismischen Entwicklung einen Abschluß und gleichzeitig die entwicklungsgeschichtliche Forschung eine neue Ausgangsbasis, wodurch sich die Zytologie als Spezialdisziplin etablierte.

OSTWALDS KLASSIKER
DER EXAKTEN WISSENSCHAFTEN

Band 120

M. MALPIGHI

Die Anatomie der Pflanzen

Bearb.: M. Möbius

2. Auflage

163 Seiten, kt.,

ISBN 3-8171-3120-8

„...wenn Ihr das einzelne gewissenhaft abgewogen habt, so wollet entweder dieses Kind als legitim in Schutz nehmen oder, wenn Ihr es als entartet verstosst, mir den rechten Weg zur philosophischen Bildung zeigen.“ (Marcellus Malpighi)

Der Italiener Marcellus Malpighi (1628-1694) gilt mit seinem Werk „Die Anatomie der Pflanzen“ - neben Nehemia Grew - als Begründer der Pflanzenanatomie. In diesem Buch beschrieb Malpighi erstmals Bau und Funktion zahlreicher Pflanzenorgane und bildete sie exakt ab. Er übertrug die anatomischen Termini auf die Pflanzenorgane und legte so die - seither gebräuchliche - Terminologie der Pflanzenanatomie fest. Manche der in diesem Band enthaltenen Studien, wie z.B. die Untersuchung zur Keimung und Gallebildung, die später bekannte Nachfolger Malpighis als Grundlage nutzten, mußte er gegen Angriffe zeitgenössischer Wissenschaftler verteidigen.